無序之美

與椋鳥齊飛——
諾貝爾物理學獎Parisi
解開複雜系統的八堂思辨課

IN UN VOLO DI STORNI

Giorgio Parisi
喬治·帕里西——著

文錚——譯
倪安宇 仲崇厚——譯文指導

獻給長伴我左右的妻子
丹妮耶拉・安布羅西諾
（Daniella Ambrosino）

目次

編輯說明：

本書原文為義大利文，由文錚先生翻譯。為增進讀者理解，邀請倪安宇、仲崇厚兩位老師擔任繁體中文版譯文指導。本書註釋，若由文錚先生註解，會標示「譯註」；若由兩位譯文指導老師補充，則不會特別標示。如有未盡之處，尚祈讀者指教。

導讀1

紊亂中「一以貫之」的普遍秩序

自然界中看似無關且相異的複雜系統，背後隱藏的共同規律

仲崇厚｜陽明交通大學電子物理系特聘教授

本書是二〇二一年諾貝爾物理獎得主喬治・帕里西自傳式的科普著作，他以自身經驗談存在於不同科學領域中，有關複雜系統現象的研究及其共通性（普適性規律），包括對鳥類集體飛行的理解、在隨機摻雜磁性金屬雜質之合金中出現的「自旋玻璃」態理論的建構（這是他獲得諾貝爾物理獎的主要原因）、磁性物質中因溫度上升而產生從有

磁性到無磁性的相變（物質狀態改變）與臨界現象等；並以生動活潑的例子，說明科學研究的曲折過程，例如如何克服困難、如何面對質疑、成功與失敗的研究經驗、不同研究領域間基於隱喻類比關係的交流、科學家研究的靈感來源為何、科學在現代科技社會中的意義與價值等。目的是希望能重新喚起社會對科學的信任，並以科學的態度因應人類社會當前的巨大挑戰，例如地球暖化、蔓延全球的瘟疫等種種危機。

我在凝態物理界研究相變與臨界現象近三十年，學生時期研讀過帕里西所著之「統計場論」教科書，對他以「複本法」（replica method）解開困擾已久的自旋玻璃模型難題印象深刻。在歐洲做博士後研究時，我曾親自聽他以濃厚的義大利腔英語介紹自己的研究。雖然無法完全理解他演講的內容，但十分欽佩他嚴謹的治學態度與令人驚豔的創造力與統整力：他游刃有餘地穿梭於不同研究領域，借助其他領域的研究方法以獲得自己研究領域的突破。

本書所提及的重要物理或科學概念包括：一、「多者異也」（More is Different，或「量變產生質變」），此為諾貝爾物理獎得主菲利普・沃倫・安德森（Philip Warren Anderson）於一九七二年所寫的文章，我可以稱之為「多體物理宣言」，這是本文提出複雜系統中出現新穎多體現象的根本原因。二、「普適性」與「普適類」：諸多不同複雜現象背後的共同規律（數學規律），包括以下兩種相關卻不完全相同的概念：1、「普適性」（universality）：鳥類集體飛行、磁性材料、腦神經細胞元……這些看似完全無關的系統之間卻存在著「共通性」原理（或基於「幾乎一樣」的數學模型）。2、「普適類」（universality class）：不同的多體物理系統在相變臨界點附近所展現的「同一種」臨界行為。三、不同科學領域間存在著以滿足同一個數學結構作為「隱喻」及「類比」關係的「相似性」。四、於正式論文裡常被忽略不提的「直覺推理」，卻在取得重要科學成果的過程中，扮演最關鍵的角色。

以下試著加以分述。

一、多者異也（More is Different，或「量變產生質變」）

安德森的〈多者異也〉（More is Different）一文可以說是「多體物理的精神宣言」，向基本粒子物理學界出現的錯誤邏輯——**化約論**（reductionism）提出挑戰！化約論是一種哲學思想，認為複雜的系統、事物、現象可以透過將其各部分化解、拆解的方法來加以理解和描述。

多者異也的概念，一言以蔽之，即為：量變導致質變。道理看似很簡單，卻深具哲學意義。我在美國布朗大學修讀博士時，「量子多體物理」這堂課的教授給我們的第一個作業，就是讀懂這篇文章的深刻物理與哲學涵義。這篇文章扮演一九七〇年代以後凝態物理、複雜系統等新穎物理現象的理論精神支柱，啟發了非常多凝態物理學子與學者（包括帕里西），對於理解這本書有相當大的助益。

二十世紀中期以來，基本粒子物理的研究有非常多重要成果，巨觀至天文宇宙，微觀至原子中質子、中子的更基本組成份子等，皆有全面而「統一性」（unifed）的了解，尤其是粒子物理理論中「標準模型」（standard model）的提出。此模型成功地將物理學中四大作用力——強交互作用、弱交互作用、電磁交互作用與重力交互作用——中的前三種統合在此一標準模型中，以理解早期宇宙（early universe）演化的一些現象以及基本粒子間交互作用與衰變的過程（包括楊振寧、李政道的「宇稱不守恆定律」）。因此，學界不免有種樂觀的期待與氛圍，認為複雜的多原子電子體系可以透過不斷研究更基本的粒子（化約）的方式來理解，例如生物組織細胞系統可以透過研究其化學分子成分而理解，化學分子可以透過研究更微小的組成份子（質子、電子、中子）的物理行為來理解，而質子、中子、電子間的行為可以化約為更小的基本粒子「夸克」（quarks，質子與中子由夸克組成）與其他新發現的基本粒子間（如丁肇中發現的J粒子〔J particle〕，希格斯粒子〔Higgs particle〕）的交互作用來理解。

由此，物理學界有種「化約論」的偏見，認為生物學不如化學來得「基本」，化學不如物理學來得「基本」，而物理學中最「基本」的就是「基本粒子物理學」，只要將基本粒子物理研究透徹，就能理解所有物理現象、所有化學現象、所有生物現象……因此基本粒子物理是所有學科的最重要的「基石」（foundation, building blocks），最值得研究，其他學門不過是基本粒子物理的應用而已（以當時的學術金字塔結構來看，基本粒子物理的位階最高，其次是物理學其他領域，再其次是化學，然後是生物學）。在此氛圍下，最優秀的學生被鼓勵研究基本粒子物理，幾乎所有對物理有興趣的學生都立志要在粒子物理學中一展長才，並一窩蜂地找高能粒子物理學的大師教授學習。這就是帕里西五十多年前在羅馬讀大學時的氛圍。（那個年代全世界物理界，包括台灣，都多少具有這樣的時代氛圍。許多台灣學子，受到李政道、楊振寧、丁肇中、吳健雄等粒子物理學家的精神感召，立志研究基本粒子物理學，包括我自己。）帕里西是當時那些立志要研究粒子物理的義大利優秀學生之一，而他的博士論文就是研究基本粒子物理的課題。

回到〈多者異也〉，其文指出，當粒子數目大到一定程度時，新的「多體物理現象」

因應而生。這些現象無法從分析其基本組成粒子的性質而得出，因為多體系統中無數多的粒子與粒子間的交互作用會產生新的粒子間的「集體行動」，如同在大舞池中跳舞的對對佳偶，隨著音樂跳著同一種舞步。彼此協調，雖然很靠近彼此，卻不會碰撞。如果我們從遠處拍照，便形成一種集體圖案。這種集體行為無法從單一舞者（單一粒子）形成（雖然其交互作用不外乎四種基本作用力的其中一兩種，多為電磁作用）。凝態多體物理中常見的集體行為包括：超導現象、超流現象、磁性現象（自旋液體、自旋玻璃）、量子拓撲行為（整數與分數量子霍爾效應、拓撲絕緣、拓撲超導現象）、紊亂無序現象、奇異金屬現象、相變與臨界現象等。

多體粒子間因為要滿足統計物理原理，雖然只由大家熟知的基本電磁交互作用影響，但因為數量太大，基於統計物理原理而出現的新的多體現象即因應而生。此為「量變產生質變」之意。安德森強調，這些新的多體現象如同基本粒子物理現象一樣基本，因此，了解物理並不一定能了解所有化學作用，了解化學並不能了解所有生物學現象。

每一個學科都有它基本與獨特之處。沒有任何學科比其他學科更「基本」，更值得被研究。自此以後，凝態多體物理逐漸有其「獨立人格與定義」，物理學界也逐漸走向多元。（這對現在來說其實是種常識，但在二十世紀的確是物理史的重要觀念轉變，誰更「基本」是需要科學論證的。）

帕里西的研究背景應該也受到〈多者異也〉的深刻啟發。他在本書提到，他是為了解決在高能粒子物理研究中遇到的困難而意外進入自旋玻璃的研究。當他發現此一新的領域後，便為之吸引，將原本粒子物理研究暫時放在一邊，轉而專心發展他的複本方法，因而得到諾貝爾物理獎的成果。這說明了不同領域間的相互影響與啟發。物理界有很多著名的例子（詳以下第三點說明）。

•二、「普適性」（universality）與「普適類」（universality class）

前段提及的四個物理概念中，最重要的就是普適性以及普適類，此概念是本書核心，貫穿了帕里西對鳥類的觀察研究和統計物理相變臨界現象的研究。許多看似不相關的多體系統，卻可以用一模一樣的理論模型（數學架構）來理解，即為普適性；而當許多看似完全無關的複雜系統處於相變臨界點附近時，其粒子（組成份子）間的關聯性居然能滿足「同樣」的數學關係，即為普適類的概念。

◆ 普適性

先談普適性。此一概念是帕里西研究生涯的寫照：從粒子物理一腳踏進複雜系統的領域，開始研究凝態物理中的自旋玻璃，之後擴展到鳥類集體飛行的理論模型，以及其後生物物理學家將自旋玻璃模型應用於研究腦神經細胞元（neuron）之間的訊息傳遞。這些看似完全不同的系統到底有什麼相似性或共通性？它們幾乎都可以用同一套簡化理論模型（數學模型）來描述磁性物質中電子與電子間的自旋交互作用；亦即不同系統中各自的組成份子間的交互作用「非常類似」於磁性物質中電子與電子間自旋交互作用。自旋玻璃中的電子如此，鳥類集體飛行中相鄰的鳥兒們是如此，腦神經細胞元之間的訊息傳遞亦是如此！這就是普適性：有「一以貫之」、「一體適用」之意。這些發現，讓我們不禁對大自然隱藏的奧祕與奧妙驚嘆不已！

自旋玻璃態是磁性合金材料中出現的一種「亞穩定」的狀態（metastable state）。根據統計物理中之熱力學原理，多體系統可存在的最穩定狀態即為使整體系統能量最低之狀態，而「亞穩態」是一種「次於（亞於）最穩定態」的「暫時（次佳）穩定態」，其能量略高於最穩定態（非最穩定狀態），但系統仍能在此狀態停留相當長的時間，因此相對穩定。隨時間推演，系統狀態會逐漸演化到能量更低、更穩定的狀態，最終會到達最穩定態。自旋玻璃材料常是一些稀磁合金，即將少量磁性金屬摻雜到非磁性金屬中得到的合金，例如銅摻錳合金（$Cu_{1-x}Mn_x$）與金摻鐵合金（$Au_{1-x}Fe_x$.）。一般具有磁性的物質，如鐵、鈷等鐵磁金屬，其磁矩（電子自旋）是沿同一方向分布且「長程有序」（long-ranged ordered），亦即：無論兩電子間距離多遠，自旋方向都保持一致。自然界也有另一種稱為「反鐵磁」的長程磁有序物質：其相鄰電子的自旋是反方向。

在自旋玻璃材料中，磁性金屬是以「隨機」、「混亂」的方式摻雜到非磁性金屬中，因此，有些電子間具有「鐵磁性」交互作用，而另外一些電子間則具有「反鐵磁性」交互作用，當這兩種相反的交互作用隨機出現時，複雜的交互作用使得長程有序狀態無法形成，此即「**磁阻挫**」（magnetic frustration）現象。磁阻挫最簡單的例子，是一個由三個自旋組成的系統，每兩個自旋之間都是反鐵磁相互作用，當其中兩個自旋方向相反（一上一下）的時候，無論第三個自旋處於什麼狀態（上或者下），都無法滿足所有交互作用必須是反鐵磁交互作用的要求。因為磁阻挫，系統會出現非常多能量都差不多（差距極微小）的不同平衡狀態（局部能量最低點），就是「亞穩態」（如本書圖8所示〔一二八頁〕，在不同狀態的能量分布圖中，會出現許多大大小小的局部能量最低點〔大小凹陷處〕）。隨著溫度下降，自旋玻璃被「凍結」在某個亞穩態中（某一大凹陷N區中之小凹陷中，如圖9之D點〔一二九頁〕：各個磁矩被隨機地凍結在某個方向，隨時間推進，最後系統會落到它能到達的能量最低點（某大凹陷N區之最低點，圖9之B點），此處為無規則的長程磁無序狀態。然而，系統無法跨越不同之大凹陷（無法從圖9之N區大凹陷跳到M區大凹陷）；同時，系統亞穩態隨時間的演化過程是很緩慢的，這種緩慢變化的磁無序狀態類似一般玻璃的狀態。

早期的自旋玻璃理論由愛德華斯（S. Edwards）及安德森（P. W. Anderson）於一九七五年提出，此模型（Edwards-Anderson model）為「隨機最近鄰之伊辛（Ising）模型」：考慮最近鄰（nearest-neighbor）之自旋與自旋間鐵磁與反鐵磁之隨機交互作用。在伊辛模型中，自旋只有「向上」與「向下」兩種方式。同年隨後，謝靈頓（David Sherrington）及柯克帕特里克（Scott Kirkpatrick）也提出類似的模型（Sherrington-Kirkpatrick model），此模型考慮伊辛模型中自旋間長程距離的隨機交互作用。帕里西於一九七九年改良複本方法，得到此一模型的精確解。

令人驚訝的是：上述用以描述一些特殊磁性物質的「電子自旋與自旋間最近鄰的交

互作用」微觀（微小到與原子尺度相近）模型，居然也可以用來描述巨觀世界（肉眼可觀察到的尺度）鳥類集體飛行的現象。帕里西為此一跨領域研究的先驅。

本書的前一部分，作者描述如何以實驗物理學家的角度，結合先進三維照相與影像處理技術，為鳥類集體飛行的複雜現象建立一套定量的數學關係。他們研究鳥群中不同位置的鳥彼此間飛行速度與方向的關聯性。根據長期以先進技術觀察並記錄，終於獲得重要發現。

帕里西與其研究團隊於二〇一〇年在《美國國家科學院院刊》（*PNAS*）中發表重要論文，文中指出，鳥類集體飛行現象的關鍵在於：每隻鳥只與牠最接近的少數鳥有訊息傳遞。此研究進一步發現：不同鳥之間的速度變化有其關聯性，兩隻具關聯性的鳥之間的最大距離（稱為關聯長度），並非定值，而是隨鳥群範圍變大而線性增加（鳥群越大，關聯長度越長）。其關聯性滿足了多體物理系統的「普適性標度律」（universal scaling），處於相變臨界點附近的現象與系統尺度無關。

當物理系統處於臨界點附近時，所有粒子與粒子間都滿足同一種臨界現象關係，這種關係遍及整個系統，與系統所具有的尺度大小無關（亦即：系統多大，此一臨界現象之分布範圍就有多大）。帕里西團隊的重要發現為鳥群集體飛行現象提出一個可能的物理解釋：鳥類集體飛行中，關於各種飛行運動改變的訊息（調整速度、方向）之所以能非常快速而準確地傳遍鳥群中的每隻鳥，是因為具「最近鄰交互作用特性」的鳥群處於相當於物理系統中出現的相變臨界點（如具有最近鄰交互作用之自旋模型）。

從生物適者生存的演化論觀點來看，當鳥類集體飛行具有某種物理系統的臨界現象行為時，其整體鳥群之互相關聯性高，訊息傳遞既快速又能涵蓋所有鳥隻，這特性有助於保護鳥群的整體性安全，提高遇危險時之應變能力，可提升整體適應環境變化的生存能力。帕里西團隊「以物理複雜系統之原理解釋生物複雜現象」的跨領域研究，啟發許多後進者。[1]

關於神經細胞元的神經網絡理論（neural network）與自旋玻璃理論的關聯性，讀者可參考下一篇由林秀豪教授所撰的導讀。

◆普適類

看似完全無關的物理系統，卻有相同的相變與臨界現象，在相變點（臨界點）附近可量測的物理量（如磁化率、比熱係數、電阻率）會與該狀態下之物理參數（如溫度、外加壓力、外加磁場等）呈「冪次方」[2]函數之關係，此一冪次方函數的指數就是臨界指數。

1 二〇一二年其團隊部分成員於《美國國家科學院院刊》（*PNAS*）發表論文指出：上述鳥類集體飛行所觀察到與鳥群尺度無關的「長程關聯性」(long range correlation）可以用一個簡單的三維海森堡最近鄰自旋交互作用模型（3-dimensional Heisenberg model）來描述。海森堡自旋模型是伊辛自旋模型（Ising spin model）的推廣。海森堡自旋模型中，自旋不只有伊辛模型中朝上及朝下兩種方向而已，它們是三維空間中的向量，可以朝向三維空間中的任何方向。

2 冪次方函數之定義為：$f(x) = A \times x^m$。讀為：f-of-x是A乘以x的m次方。x為物理參數，指數m為臨界指數，x的2次方(m=2)即為x的平方，x的1次方(m=1)即為x的線性關係。只是現在這裡臨界指數m可以不是整數，例如：m＝0.35等。

具有相同臨界指數的不同系統，儘管看似無關，但因這些系統具有相同的臨界現象而被歸於同一普適類之中。例如：液態氦從液態到氣態的相變臨界指數，與某些鐵磁性材料中因溫度升高由鐵磁性變成順磁性的相變臨界指數相同，但這兩類系統看似完全不相干，它們可以被歸為同一個臨界普適類。

在臨界點附近，物理系統的組成份子（如電子之自旋或電荷密度）間之相互關聯性與尺度無關（尺度不變性），亦即：無論從多大或多小的尺度觀察，其組成份子間的關聯性滿足同一種臨界現象的數學結構，這樣的尺度不變性的概念，可以比喻成本書圖4所示之分形圖形，具有尺度不變性。無論是放大圖或縮小圖，其圖形都長得一模一樣，無法分辨是放大圖或縮小圖。

一九八二年諾貝爾物理獎得主威爾森（K. Wilson）於一九七一至七二年提出以「重整化群」的方法為描述相變與臨界現象的核心概念，這套方法，藉由不斷改變（放大）觀察系統的尺度（從更遠處觀察），追蹤組成份子間交互作用如何隨著觀察尺度的改變而變化，進而形成數學關係；因此能計算出系統處於臨界點附近時可觀察量之各個臨界指數。

「重整化群」已經成為定義普適類最重要、最基礎的「數學」工具，同時更是理解普適類的「物理」基礎。如果沒有威爾森的重整化群理論方法，普適類可能將只停留在實驗上碰巧發現的「巧合」而已；但看似無關的不同系統具有相同的臨界指數絕非巧合！重整化群為當時物理學界提供了非常重大的貢獻，也因此讓威爾森獲得諾貝爾物理獎。

●三、跨領域間基於「同一數學架構」作為「隱喻」及「類比」關係的相似性

基於前述普適性與普適類原理，帕里西進一步說明不同科學領域間（以物理學與生物學為主）存在著因某種類似性而出現的「隱喻」關係。例如：量子力學與達爾文的物競天擇理論都用到了機率、隨機選擇的類似概念（雖然機率在兩者中扮演的角色細節有

明顯不同）；然而，作者提醒，我們需要避免隱喻的誤用與濫用，隱喻最好能建立在具有啟發性的工具上（特別是建立在相同之數學結構或模型上）。大量建構理論模型（modeling，即以組成份子間簡單的數學關係來描述複雜的物理系統）是物理學的一大特色。

在此，模型本身就是一種隱喻：把數量龐大的電子與電子間複雜的交互作用「比喻」成簡化的數學模型。當兩個不同系統的某種類似現象可以用相同的數學語言來理解時，我們可以忽略其他與這現象無關的特徵，例如：液態氦從液態到氣態的相變與鐵磁物質之磁性相變屬於同一個普適類，這兩者在各自相變臨界點附近，表面上存在諸多差異（如組成份子、晶體結構、電性磁性等），但已無關緊要，可被忽略。精確來說，此兩者就不再是彼此的隱喻了，而是同一個數學模型下兩個不同的「化身」，這是普適性與普適類的另一種詮釋。

當兩個完全不同領域的現象可以用同一個數學結構來描述時，則此兩個領域可透過互相交流，得到寶貴的互補訊息，因而能相互促進彼此的發展。具體而言，我們可以從第一個領域中獲得的大量成果和技術，透過適當「翻譯」，應用於第二個領域。

在物理學的子領域中，高能粒子物理和凝態物理之間就有這樣的交流歷史。前段提到的重整化群的技術，即為兩者之共同數學語言。來往之間，新想法不斷湧現，對這些現象的認識也不斷加深。

而同樣的數學結構也可以投射在完全不同的領域中，例如本書所提及的各種複雜系統。將一個領域的結論轉入另一個領域進行預測的做法，與其說是使用「隱喻」，更精確地說是將一種概念從一個學科「轉移」到另一個學科的嘗試，例如大腦的行為、動物的集體運動行為，以及行為經濟學等跨領域現象。

• 四、扮演臨門一腳的「直覺推理」（intuitive reasoning）

本書在「想法從何而來」這篇，說出了科學研究者（物理學家）在獲得重大突破性研究成果時，最關鍵卻常不為人知的那臨門一腳的來源——直覺推理——的重要性。這點我很有共鳴，也有類似的經驗。

證諸科學史，科學並非以直線方式發生突破性進展。科學作為人類文化活動的一部分，受到社會現況（當時流行觀點、科技進展）及人際互動（學術派別）的影響，進展方式不但無法準確預測，而且常是迂迴的：或因困難問題停滯不前，很久之後，突然有巨大突破；或因混沌不明、自相矛盾的結果，導致爭論不休的混戰，而後突然出現「槍口冒煙的證據」（smoking-gun evidence，指具決定性的關鍵證據），立刻使得各方心服口服，平息爭論，取得科學進步。

二十世紀初量子力學誕生，此過程中直覺推理扮演重要角色：普朗克與愛因斯坦的「光子能量量子化」的直覺、波耳的「氫原子軌道角動量量子化」的直覺等皆為例證，本書也提及愛因斯坦因油漆工人自梯子上跌落地面「有如重力消失般」的描述，讓他獲得建構廣義相對論的直覺。而帕里西以自身經驗談到他與同事聊天過程中，同事不經意評論他研究上的一個困難，因而觸發他擬出解決此一問題的正確方案。

這些臨門一腳的跳躍式思考，並非天外飛來一筆。在發想此直覺的當下，科學家並未證明此一直覺是否正確，只是隱然覺得有其道理，但又無法立即看出它的道理何在。有趣的是，有時科學家首先嘗試提出證明其直覺的理由其實是錯誤的，在不斷改正推理後，最終才以嚴格方式證明其正確性。帕里西以自身經驗為例，他在開始研究自旋玻璃時就採用複本法，但其數學的正確性是多年以後才被證實。這讓作者在還不知道自己在做什麼的情況下就得出了結果。這些帶有一些無意識思考成分的直覺，不只是解決科學問題的典型過程，也是一些小說家的創作過程。

我也經歷過類似因直覺推理而在研究上獲得突破的經驗。當我在腦海中把目前已知關於奇異金屬的相關實驗證據全都攤開來時，不同面向的實驗現象理應互相和諧共存，不致矛盾衝突（這些畫面有時在夜裡半夢半醒間出現）。「有如小說中的人物們在同一場景中彼此對話，我作為旁觀者，將其對話記錄下來⋯⋯」因而，解開此一謎團的可能理論機制便呼之欲出。雖然此一直覺尚待驗證，但理論計算的結果本身即為最佳驗證方式。後來經過計算，證明此一物理直覺能成功地描述某一類稀土族金屬化合物中所出現的奇異金屬行為。

作者在此想表達的並非科學的神祕主義觀點，而是科學研究是人類理性思維論證的活動，而人的思維方式比我們想像得要複雜很多，包括有意識的思考和無意識的思考。科學研究者反覆思索卻不得其解的困惑，往往因為另一件看似無關的事件而被破解，看似無關的事件卻隱藏著解開謎團的「最少量卻最關鍵」的訊息。科學上的重要發現常是無意識思考及無心插柳的意外。

直覺的正確性需要透過嚴謹的方法加以驗證，如胡適所說：大膽假設，小心求證。不大膽創新，很難突破現有瓶頸；不小心求證，只會落得天馬行空，空中樓閣而已。

謝謝我的大學同學王梵主編的邀請，讓我有機會從本書中再次領略複雜系統的美妙之處。希望透過這些重要科學概念的介紹，讓讀者（尤其對科學領域較陌生者）能更深入本書想傳達的豐富有趣的內涵，對於帕里西提及的物理及生物領域的各項研究，也能形成具統整性的理解。

最後，我誠摯地想邀請你與我一同進入帕里西「一以貫之」的複雜系統奇境，享受科學的無序之美，在我們各自不同的天空中與椋鳥齊飛！

導讀 2

亂中有序
從自旋玻璃到神經網絡

林秀豪－清華大學物理系特聘教授

你是否有時被人際關係搞到一個頭兩個大，覺得這個世界怎麼如此複雜呢？啊哈～你並不寂寞，科學家長年以往也被複雜系統搞到一個頭兩個大，很難抓到適當的切入點，給出客觀具體的描述。二〇二一年諾貝爾物理獎開盤，正是頒給研究複雜系統（complex systems）的科學家：一半是由研究大氣模型且準確模擬全球暖化的真鍋淑郎（Syukuro

Manabe）、哈塞曼（Klaus Hasselmann）所共享，另一半則是由帕里西（Giorgio Parisi）以研究各個尺度下的無序與漲落所拿下。

複雜系統的「無序」（disorder）與「漲落」（fluctuation）是什麼啊？每個字眼都讀得懂，但是完全抓不住其精髓所在。讓我們試著先用直觀來理解複雜系統：在桌面上鬆散放置一堆小圓盤，若是在邊界施力壓縮，小圓盤會彼此靠近，但每次壓縮都不見得會重現相同的排列樣態。然而仔細瞧過可以發現，小圓盤的排列也不是全然隨機，似乎還是有一些規律可循：有點亂又不是太亂，正是複雜系統的特性。

當我們試著壓緊這些相同的圓盤時，儘管每次都以完全相同的方式進行，卻會形成一個個不同的不規則圖案。到底這些結果是怎麼冒出來的？帕里西找到一種嶄新的數學方

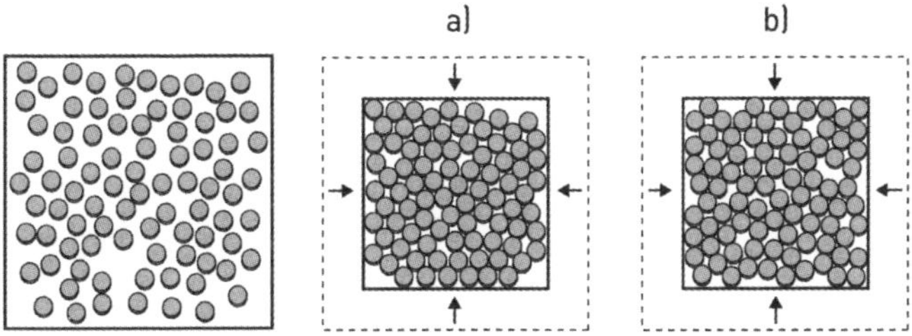

資料來源：諾貝爾獎官網 ©Johan Jarnestad/The Royal Swedish Academy of Sciences.,http://www.nobelprize.org/.

法，來描述這些複雜系統（看似雜亂無序的圓盤們）中的隱藏結構。

研究複雜系統常常需要用到統計場論，而帕里西是這個領域的祖師爺之一。哇～這聽起來十分抽象，讓我們一步一步介紹帕里西到底做了什麼事。

先從介紹自旋玻璃（spin glass）的概念開始。由於鐵原子的自旋產生磁矩，科學家研究銅鐵合金時發現，這些自旋就像是散布在銅原子晶格的小磁鐵。這些自旋的位置分布凌亂，並沒有特定的規律，而自旋間的交互作用也相當複雜，因此不會朝同一方向乖乖排好。如此有點亂又不是太亂的樣態，讓銅鐵合金具備許多有趣的物理特性，而由於跟玻璃中矽原子的排列有異曲同工之妙，故稱為自旋玻璃。

這麼有挑戰性的複雜系統，物理學家

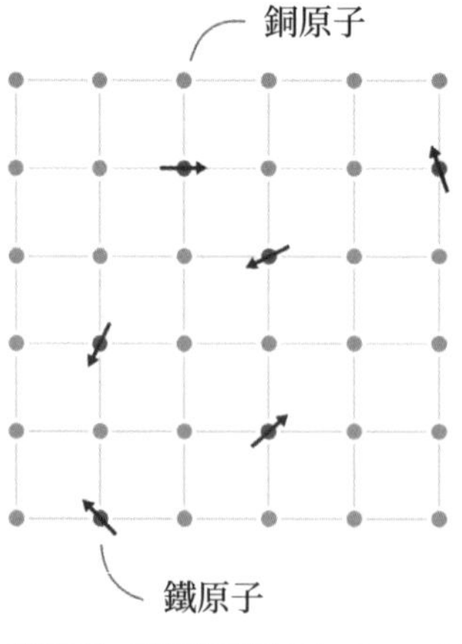

資料來源：諾貝爾獎官網 ©Johan Jarnestad/The Royal Swedish Academy of Sciences., http://www.nobelprize.org/.

自然不會錯過。要完整解釋這背後的來龍去脈，那真的是三天三夜也說不完，但是我想指出這一切複雜性，主要都是阻挫交互作用（frustrated interactions）這個大魔頭搞的鬼。這一切可以從自旋的三角關係說起：若是三個自旋間的交互作用都是鐵磁性，所有的自旋都會朝同一方向排好。大家相親相愛、沒有矛盾，共同形成穩定而有序的基態。

但如果自旋的交互作用是反鐵磁性，兩個自旋偏愛反向排列，這下子就成了難解的三角問題。若是前兩個自旋一上一下，任性地彼此討厭，第三個自旋也不想跟這兩個討厭的傢伙同一陣營，那該怎麼辦呢？無論選擇朝上或是朝下，總是會跟其中一個自旋同向。怎麼上上下下調整這三個自旋，總是會有一對方向相同，無法盡興地討厭彼此，這就是阻挫交互作用的精髓。

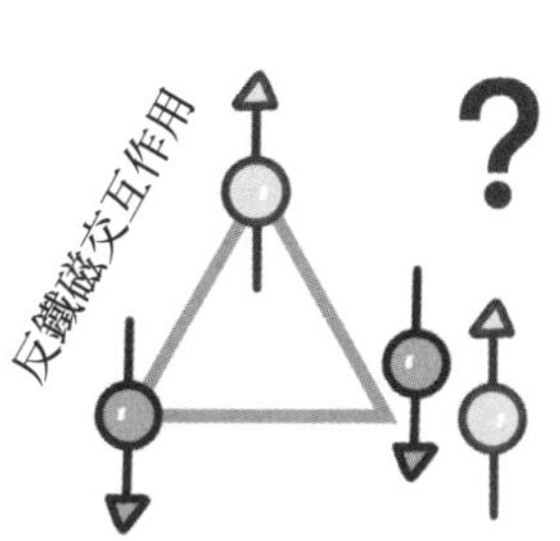

由於阻挫交互作用的影響，
自旋排列看似無序，有較多穩態，
但是都不太穩。

所有自旋都朝向相同方向，
形成穩定而有序的基態。

你可以掐指算算，三個自旋在阻挫交互作用下，穩態的數量從兩個增加到六個：穩態的數量增加，但是穩度變差了。自旋的三角問題當然算不上複雜系統，但當科學家將以上的計算推廣到自旋玻璃（由許許多多自旋組成）時，發現具有「許多不怎麼穩定的穩態」，是所有複雜系統的共同特色。因此無序與漲落就成了常態，而深究背後的原因，阻挫交互作用扮演了關鍵性的角色。

要定量描述無序系統不容易，需要深刻的統計工具。以擲硬幣為例，若是正反面出現的機率相同，那結果就完全隨機。但若是正反面出現機率有些微差距：正面機率〇．五五，反面機率〇．四五，故事就變得有趣了。雖然無法確切知道下一次出現正面或反面，但只要累積夠多的樣本，即可藉由統計方法逆推，得出正反面機率的差異。這資訊對於短期預測沒有太大效益，卻可以讓長期預測穩操勝算，而這就是「有點亂但不是太亂」的核心特性。

在研究自旋玻璃時，若要計算系統的物理特性，需要對許多不同的穩態進行統計平均，這讓理論計算難上天。就技術面來說，計算統計系統的自由能時，會牽涉到對數函數，其統計平均非常難算。有聰明的理論學者想出解決的方法：複本巧門（replica trick），如圖所示，多項式函數在特定極限下，恰好等於對數函數（有興趣的讀者可以自己試著推導看看喔）。將對數函數寫成多項式函數後，計算次方函數時，只要引入n個統計複本，即可計算複雜系統的物理特性。

如果你有點數學血脈的話，可能會擔心這樣的極限等式是否成立，但物理學家先算再說，利用複本巧門可以得到自旋玻璃的物理特性。這一切看起來都很棒，只有一點小小的問題……自旋玻璃基態的熵是負

對數函數的平均不好算

多項式函數的平均很好算，因此需要引入許多個統計複本進來……

$$\log Z = \lim_{n\to 0} \frac{Z^n - 1}{n}$$

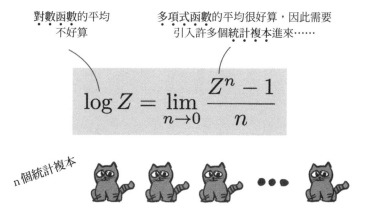

值。這下子慘了，負值熵代表用複本巧門得到的基態是不穩定的，但銅鐵合金在實驗室裡穩定得很，顯然計算過程有誤。

當時許多物理學家都試著找出解方，而帕里西在一九七九年提出**複本對稱破缺**（replica symmetry breaking）的概念，一舉解決這個困難的謎團，成功建構描述自旋玻璃的理論架構。統計場論的計算細節當然很複雜，但概念上或許可以這樣理解：複本巧門引入n個統計複本，當時所有人都「假設」這些複本都長得一模一樣，就像圖中灰撲撲的貓，每隻都長得一模一樣，這樣得到的解答具有複本對稱。但帕里西跳脫框架，發現複本巧門並沒有要求複本對稱，那為何要畫蛇添足呢？也就是說，這些統計複本可以像是帶有不同顏色的貓，有些是藍色，有些是綠色。一旦打破複本對稱的迷思，接下來的工作就容易多了，譬如兩隻藍貓之間的關係，就不見得等於藍貓與綠貓的關係。自發性對稱破缺在許多科學領

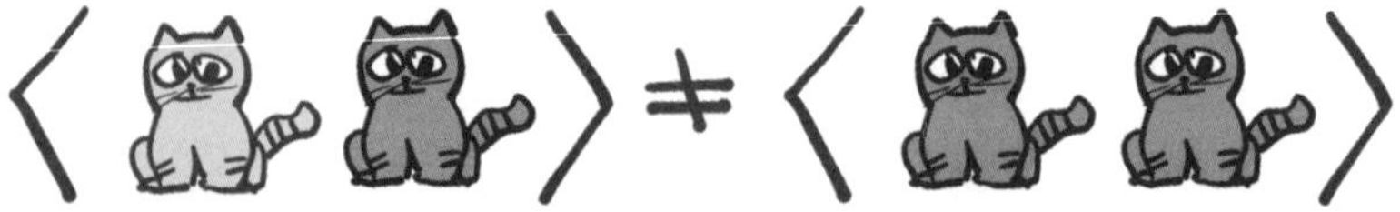

域都扮演重要的角色，帕里西在不疑處有疑，打破多數科學家想當然耳的迷思，是非常令人激賞的突破。

因研究自旋玻璃而衍生的概念與技巧，並非局限在銅鐵合金，而可以運用到許多複雜系統。物理學家霍普菲爾德（John Hopfield）將自旋玻璃的理論架構，運用到神經網絡（Hopfield neural network）上，成功解釋大腦記憶的諸多特性。事實上大腦灰質是由許多神經元（neuron）細胞所組成，神經元之間的連結稱為突觸（synapse），由於神經元間的交互作用也帶有阻挫風味，因此神經網絡也是複雜系統。我們

大腦灰質藉由神經元網絡
處理資訊

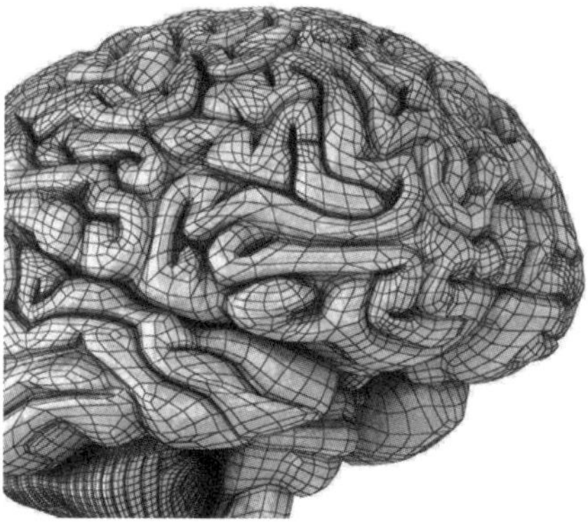

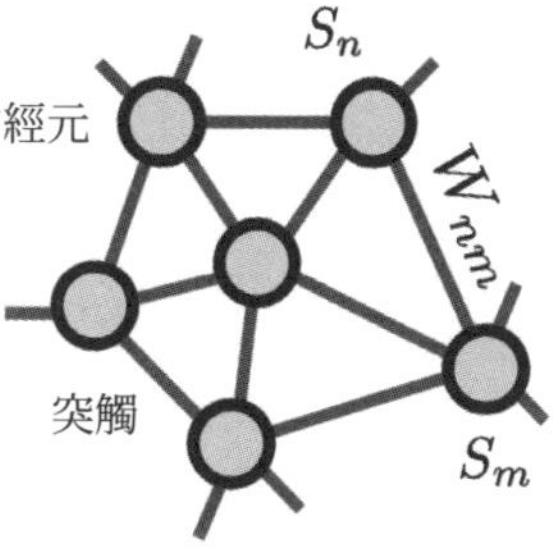

神經元間的交互作用，
並不會產生有序的穩態。
有點穩卻不太穩的諸多樣態，
正是「聰明」的要素。

不需要對這些阻挫交互作用感到挫折，因為神經網絡具有許多有點穩卻又不是太穩的樣態，正是我們顯得聰明的要素呢！

阻挫交互作用的存在，讓複雜系統如此複雜。認真活過的人當然知道，人生可是比這些複雜系統更為糾纏難解。我們可沒有什麼複本巧門，來爬梳人與人之間的「阻挫交互作用」，只能拿出點法國風味來安慰自己：

C'est la vie. La vie est dure.

這就是人生。人生很難。

但，既然本質上是阻挫交互作用，反正也沒辦法讓所有人開心滿意，這可是科學家認證過的結論。我就專心做點自己有興趣的事，靜下心、喝口茶，觀賞變幻莫測的椋鳥在絢麗的天空群飛。

導讀3 悠遊於理論、計算與實驗間的物理學家

陳宣毅｜中央大學特聘教授、中央研究院物理所合聘研究員

二〇二三年初夏，一位法國朋友來為國家理論科學中心物理組評鑑，他抵達的第二天上午，我去找他討論我們合作的計畫。見到我時，他提的第一件事是前一晚他讀了一本帕里西（Giorgio Parisi）寫的小書，裡面講到帕里西研究生涯中的一些小故事，以及與他的研究內容相關的物理等等。是有點像回憶錄的科學書（事實上，我這位朋友與本書第四篇提到的馬克·梅扎爾〔Marc Mézard〕是多年好友，他也在一些委員會裡與帕里西共事）。

我的第一反應是問他該書完成在帕里西獲得諾貝爾獎之前或之後。「在那之前」，他

說。有點意思，一個還活躍在學界的人，時間通常被許多不同性質的工作占據，所以不太會去寫這樣的書，雖然我們也找得到如數學與物理學家戴森（Freeman J. Dyson）很受物理界喜愛的《宇宙波瀾》（*Disturbing the Universe*），或人類學家李維史陀（Claude Lévi-Strauss）影響深遠的著作《憂鬱的熱帶》（*Tristes Tropiques*）等。

帕里西的研究在我的學術之路上扮演了一個特別的角色，我在當研究生時的第一個研究題目與他的自旋玻璃理論息息相關，至今還對剛學會他的理論時感到的衝擊很難忘。所以幾天後我在網路上搜尋，想要訂購該書的英文版。不知為何（其實這很常發生），後來我卻忙起別的事，忘了要買下這本書。想不到幾個月後，收到野人出版的編輯寄來這本書的中文版，而且是由義大利文直譯的。讀著這本書，一些與帕里西有關的回憶很快便在我眼前浮現。

其實，我從未與帕里西交談，只在十幾年前一場學術會議上聽過他的一場演講。但是在我學術生涯的起步階段，帕里西的論文與專著曾經是我的重要學習對象，於是後來遇到與他相識的人提起他的故事，我總是記得。

對一個剛進入研究生涯的學生來說，被他所進入的領域裡劃時代的思想吸引是最自然不過的事。我的第一個研究題目是無序系統在低溫時產生相分離後，兩相之間的界面因為系統的不規則而造成的形狀變化（有點像含有雜質的磁鐵在低溫時兩磁域相接處受雜質影響而變形）。這是自旋玻璃理論很容易推廣應用的系統。之後有一年的時間，我很努力地學習帕里西關於自旋玻璃的論文與專著。那時我的指導教授注重計算技巧，沒有花很多心力教學生建構直觀物理圖像。這與我的喜好有些出入，所以讀到帕里西在本書第四篇提到的複本法與他那精巧的解時，雖然能推導計算結果，心中仍然充滿疑惑。隨著我按照帕里西發表論文的順序，讀到獲得物理解之後三年他提出的物理圖像時，心中的確受到那過人的想像力所震撼。同時我也注意到，從計算出正確的答案，到提出物理圖像，中間過去了三年的時間，代表這個問題對如帕里西這樣有才華的人，也多麼具有挑戰，當然更不用提當時也在思考自旋玻璃問題的其他專家們了。

我很快成為自旋玻璃這個領域的粉絲，買了帕里西與合作者在這個題目上的第一本專著。一翻開前言，就見到帕里西在本書第四篇所講到戲劇張力、莎士比亞悲劇與自旋玻璃的譬喻。在物理專書裡看到這樣的故事，著實讓我開心。

那時我讀了不少帕里西的論文與演講稿（一九九〇年代還沒有串流的演講影片），覺得他真是很會做理論也很會說故事。但有一天我遇到一位義大利來的訪客，他聊到帕里西時，雖然也是兩眼閃耀著光彩，除了說帕里西在三十歲時已經寫出了上百篇論文之外，卻也說「沒有人聽得懂他的演講，他想事情的速度實在太快了」。

這可不是什麼讚美，我如此想。即使是專業的物理學家，也認為好的演講者要能把研究講得易懂。後來二十幾年中，我在不同場合又聽到一兩次類似的說法，包括他的研究生，也有人覺得常常聽不懂他在說什麼。

矛盾的是，帕里西有很多傑出的學生，從巴黎、巴塞隆納到羅馬，他們在統計物理相關領域都有傑出的貢獻。我也一直很樂於告訴別人我在閱讀帕里西的著作時所感到的喜悅與獲得的啟發。

我和自旋玻璃的緣分很短，經過一年的研究，我決定找一位喜歡與學生討論物理圖像的指導教授繼續念博士，因此研究主題也換成液晶、高分子，然後是生物膜、細胞爬行、生物的集體運動研究等。對啦，生物的集體運動包含了本書第一篇所提的鳥群運動。然而，這次我的研究與帕里西的研究沒有多少交集，我關注的是實驗室裡比較容易看的細菌或細胞集體運動。

帕里西在書中所提到的鳥群運動研究方法，需要相當人力與實驗團隊的投入，在生物集體運動的研究裡很有啟發性。與這個研究相關的，另有兩個書中沒有提到的故事可以與讀者們分享。

其中一個故事是在該研究進行時，普林斯頓大學物理系的比雅列克（William Bialek）教授正在羅馬訪問，二〇一七年比雅列克教授應邀於中央研究院物理所李水清物理講座進行演講，在我們閒聊時他提到了這個往事。比雅列克教授說，當時帕里西就「把他樓下的學生們找來，一起設計了實驗，並解決了對鳥群中個體定位的技術問題」，聽起來很輕鬆。其實比雅列克教授結合了資訊理論與鳥群觀測的數據，也提出了一個值得深思而且也很有影響力的物理模型。這個研究可以在中研院李水清物理講座的連結（https://www.phys.sinica.edu.tw/~asiopscpl/lectureseries/2017/index.php）裡看到。

另一個故事與鳥群則沒有直接關聯。作為一個從基本粒子理論轉向統計物理的理論學家，帕里西在鳥群研究實驗觀測上的貢獻無疑讓人印象深刻。的確，許多第一流的理論物理學家對實驗技術不但不排斥，甚至對進行實驗有很高的興趣。我想再多提的是，一九八〇年代帕里西在研究量子色動力學時，為了進行大量的數值運算（與鳥群研究有點像，不是嗎？），曾策畫建造專門為了解決此計算問題而設計的帶有仿真器的陣列處理器（Array processor with emulator, APE）超級電腦，這部電腦在一九九一年的時候，曾是世界最快速的電腦。這件帕里西沒有在書中提到的往事，展現了他在理論與實驗之外的又一項才華。

最後，還有個與帕里西在物理以外的喜好值得一提。二〇〇八年我在東京大學一個小型會議中與一位來自巴塞隆納的物理學家閒聊，從他們的午睡習慣聊到中國文化。然後他說他的博士指導教授帕里西深受中國文化吸引，有收藏相關文物的嗜好。知道這件事，讓我在讀到本書第七篇所講中國詩歌與繪畫的關係時，不禁微笑起來。

基本粒子、統計物理、生物物理，理論、計算與實驗。帕里西在過去半個世紀裡悠遊於不同領域的問題間。從這本小書中，我們可以一窺這位少見的奇才成長與研究的經歷，也能感受到帕里西在這些過程裡心中的點滴。這些都是第一手資料，比我過去輾轉聽來的這些故事還要生動真摯。

1

與椋鳥齊飛

In un volo di storni

交互作用是一個重要課題，也能用來理解心理、社會和經濟現象。我們主要關注的是鳥群的組成個體間如何溝通，從而行動一致地飛行，產生集體且具有多重結構的單一群體。

觀察動物的集體行為是一件很美妙的事，無論是天上的鳥群、水中的魚群，還是成群的哺乳動物。

暮色時分，我們看到鳥兒成群結隊形成各種魔幻景象，成千上萬個舞動的小黑點在五彩繽紛的天空中格外顯眼。只見牠們群聚飛翔，既不會互相衝撞，也不會散開，牠們飛越障礙，時而拉開距離，時而重新聚攏，在空中不斷變換著隊形，彷彿有個樂隊指揮在下達指令，大家依從行事。我們對眼前景象百看不厭，因為千變萬化，出乎意料。有時候，面對這種純粹之美，即便科學家也會忍不住犯職業病，許多問題拍著翅膀飛進腦中。

是真的有樂隊指揮，還是鳥群自發的集體行為？訊息如何在鳥群中迅速傳播？牠們的隊形怎麼能如此快速改變？牠們的速度和加速度是如何分配的？又如何能同步轉向且不會互相碰撞？難道只要簡單的互動規則，就能讓椋鳥做出我們仰望羅馬天空時看到的複雜多變的集體運動？

當你感到好奇並想知道這些問題的答案時，你便會開始尋找：以前是去書裡找，現在可以上網找。如果你運氣好，會找到答案。但是萬一沒有答案呢，因為沒有人知道答案？假如你真的那麼好奇，你會開始問自己，不然我自己想辦法解答吧。

這項前無古人的研究不會讓你打退堂鼓，畢竟這就是你的工作：發揮想像力，做些前人從來沒有做過的事。然而，你不能把一輩子的時間都花在打開那些你沒有鑰匙、卻被鎖住的防盜門上。所以在啟動之前，你必須知道自己有沒有勝任的能力和支持自己走到最後的技術工具。誰也不能保證你一定會成功，打個比方，你得讓自己的心飛越這個障礙，但如果障礙太高，會讓你的心碰壁，那最好還是打消這個念頭。

• 複雜的集體行為

椋鳥的飛行讓我格外著迷，因為這是一條重要線索，既關係到我的研究，也與現代物理學許多研究息息相關：釐清由眾多交互影響的組成因子形成的系統行為。在物理學中，根據不同的情況，這些因子可以是電子、原子、自旋或分子，它們各自的運動規律非常簡單，但把它們放在一起，就會發生非常複雜的集體行為。自十九世紀以來，統計物理學就在試圖回答此類問題：為什麼液體在特定溫度下會沸騰或結冰；為什麼某些物質能傳導電流並能有效傳遞熱量（例如金屬），而其他物質則是絕緣體……。這些問題的答案在很久以前就已經找到了，但我們卻仍在繼續探索其他問題。

在所有這些物理問題中，我們能夠以量化方式理解集體行為如何從個別因子之間的簡單互動規則開始。但我們面臨的挑戰是如何將統計力學技術從無生命的物質廣而應用到動物身上，比如說椋鳥。這些成果不只是與生態學和演化生物學相關，而且就長遠來看，有助於加強我們對人文科學中經濟與社會現象的進一步理解。就這些人文科學中的現象來說，同樣有大量相互影響的個體，因此有必要了解單一個體的行為與集體行為之間的聯繫。

美國重量級物理學家菲利普・沃倫・安德森（Philip Warren Anderson，一九七七年諾貝爾獎得主）在一九七二年發表了〈多者異也〉（*More is Different*）一文，他在這篇頗具啟發性的文章中提出如下觀點：一個系統的組成份子數量增加，不僅影響系統的量變，還會影響其質變。因此物理學應該面對的主要概念性問題是，理解微觀規則與宏觀行為之間的關係。[1]

・椋鳥之陣

要解釋一個問題，必須先充分認識它，但是我們缺少一個關鍵資訊。我們得知道鳥群如何在空中移動，但當時這個資訊付之闕如。以前大量的鳥群影片和照片（網上也很

1 意指微觀個別粒子與粒子間的交互作用規則（例如兩個電子間的庫倫排斥力）與宏觀物質中為數眾多的粒子所展現的集體行為。

容易找到）都是從單一視角拍攝，完全沒有三維立體圖像。某種程度上，我們就像是柏拉圖洞穴寓言中的囚徒，只看得到投射在穴壁上的二維陰影，無法掌握物體的三維立體屬性。

而這個難題正是激發我研究興趣的另一份動力：對鳥群運動的研究應是一個完整的計畫，包括實驗構思、數據的收集與分析、建構（發展）電腦模擬的模型開發、解讀實驗結果以得出最終結論。

大家知道，要對椋鳥的飛行軌跡進行三維重建，必須採用我專攻的統計物理領域的研究方法，但真正吸引我的是參與實驗的設計和實踐環節。我們學理論物理的人通常不會進實驗室，只研究抽象的概念。解決實際問題意味著要掌控許多變數，具體來說，就是從攝影鏡頭對焦的解析度到攝影機的最佳拍攝位置、從數據儲存容量到分析技術，每一個細節都決定著實驗的成敗。紙上談兵的人對於在戰場上會遇到多少問題毫無概念。我向來不喜歡遠離實驗室的研究。

椋鳥是極其有趣的動物。幾百年前，牠們在北歐避暑，然後去北非過冬。如今，全球暖化不僅導致冬季氣溫升高，我們的城市也變得越來越熱，一方面是由於城市不斷擴張，另一方面也是受到熱源（家用暖氣、交通）多樣化的影響。因此，很多椋鳥不再飛越地中海，而是留在義大利的一些沿海城市過冬，其中就包括羅馬，這裡的冬天要比從前溫暖得多。

椋鳥在十一月初來到羅馬，三月初飛走。牠們的遷徙活動非常準時，可能遷徙時間不完全取決於溫度的高低，而是取決於某些天文因素，例如日照時間的長短。在羅馬，椋鳥夜間會在能遮風的常綠喬木上棲息；白天在城市裡食物匱乏，牠們會集結成百餘隻的規模，飛到環城公路以外的田間覓食。牠們是習慣集體生活的群居動物：當牠們在一片田地停留時，一半安心進食，另一半則在田地四周巡查是否有捕食者的蹤跡；當牠們飛到下一片田地時，雙方互換角色。到了晚上，椋鳥回到溫暖的城市，在樹上棲宿之前，會組成陣容龐大的鳥群，在羅馬的天空中盤旋。儘管如此，椋鳥仍然是對寒冬低溫非常敏感的動物：只要連續幾晚北風凜冽，就很容易在那些遮蔽不足的大樹下，發現牠們僵直的屍體散落四處。

因此，如何選對棲息之所是一個生死攸關的問題。牠們在薄暮時分的空中舞蹈很可能是一種信號，大老遠就可以看到的信號，表示這裡有適合過夜的地方。就像揮舞著一面巨幅信號旗，極其顯眼。我曾在一個清朗的冬日暮色中，親眼見過鳥群在十來公里外飛舞，變換各種隊形。當遠處地平線上還有一道餘光的時候，那片灰黑色的斑點在天幕中宛若變形蟲一樣運動。隨著光線減弱，率先從鄉下覓食而歸的一群群椋鳥開始越來越瘋狂地飛舞，晚歸的鳥群也紛紛加入，最終有數千隻椋鳥匯集成一個個鳥陣。大約在日落後半小時左右，天光已然徹底消逝時，這些椋鳥便在眨眼間撲向棲宿的大樹，而這些大樹彷彿無底洞[2]，將牠們全部吸入腹中。

遊隼經常在椋鳥群附近出沒，覓食晚餐。不留意的話，根本不會發現牠們，因為我們的注意力都集中在椋鳥身上，只有少數專門尋找遊隼的人才會注意到這些猛禽。儘管遊隼是翼展一公尺的猛禽，俯衝的時候速度能達每小時兩百公里以上，椋鳥也並不是容易被捕食的獵物。事實上，如果一隻遊隼在飛行中與一隻椋鳥相撞，那麼遊隼脆弱的翅膀可能會斷裂，這是致命的事故。因此，遊隼並不敢進入椋鳥群中，而只是伺機捕捉邊緣落單的孤鳥。

面對遊隼的襲擊，椋鳥做出的反應是彼此靠近，收攏隊伍，迅速改變方向以躲避遊隼致命的利爪。椋鳥最引人注目的一些隊形變換正是為了對付遊隼的反覆攻擊。為捕獲椋鳥，遊隼得使盡渾身解數。椋鳥許多行為很可能是為了在這些可怕的襲擊中求生存所致。

2 義大利原文inghiottitoio，英文為ponor，意指石灰岩地貌會有的深洞穴。

・我們的實驗

回頭來談我們的實驗計畫。我們遇到的第一個難題是如何獲取鳥群及其形狀的三維影像，並且藉由連續拍攝的照片進行組合，重建三維影片。理論上並不難，這個問題的解決方法很簡單：我們都知道，想要看到三維效果，只要同時使用雙眼即可。同時從兩個不同的角度看，即使是像我們的雙眼那樣靠近，也能讓大腦「計算」被觀察物的距離，從而構建三維圖像。如果只用一隻眼睛，就會失去圖像的景深概念。

你只要閉上一隻眼睛，試著用一隻手抓住擺在面前的物體，便能體會那種感覺：你的手不是伸太長越過它，就是伸不夠長碰不到它。蒙上一隻眼睛打網球或乒乓球的話，注定會輸球。然而，這個實驗計畫要順利進行，我們必須能在左邊相機拍攝的照片中找出右邊相機拍攝的同一隻鳥，如果每張照片中都有數千隻鳥的話，這個步驟就會變成一場噩夢。

這顯然是一個棘手問題。在目前的科學文獻研究中，能被三維重建的照片上最多只有二十多隻動物，而且需要人工辨識；而我們需要重建的是數千張照片，而且每張照片上都有幾千隻鳥。這項工作自然無法靠人工處理，必須依靠電腦進行識別。

在沒有做好適當準備的情況下挑戰某個問題，就等於自討苦吃。於是我們成立了一個小組，成員不僅有物理學家——除了我，還有我的老師尼可拉．卡比博（Nicola Cabibbo）和我兩位最優秀的學生安德烈．卡瓦尼亞（Andrea Cavagna）、伊蕾內．賈迪納（Irene Giardina）——還有兩位鳥類學家恩里科．阿雷瓦（Enrico Alleva）和克勞迪奧．卡雷雷（Claudio Carere）。二〇〇四年，我們與已故的經濟學家馬切洛．德．伽柯（Marcello De Cecco）和其他歐洲同僚們一起向當時的歐盟提交了經費申請。申請得到批准，計畫終於可以啟動，我們讓碩士生和博士生加入計畫，並著手購買設備。

我們將相機架設在馬西莫宮（Palazzo Massimo）的屋頂上，這座美麗的建築是羅馬國家博物館（Museo Nazionale Romano）所在地，可以俯瞰羅馬中央火車站[3]前的廣場。那些年（第一批數據是在二〇〇五年十二月至二〇〇六年二月之間收集的）羅馬中央火車站獲椋鳥青睞，成為牠們群聚休憩的首選之一。我們使用的是最高階的相機，因為當時攝影機的解析度仍太低。兩架相距二十五公尺的相機，保證我們能夠以約十公分的空間精度捕捉到距離我們數百公尺的兩隻椋鳥的相對位置，這個精度足以分辨兩隻相距約一公尺飛行的椋鳥。我們在距離其中一架相機數公尺的地方增設了第三架相機，若有兩隻鳥在兩架主相機中的一架上影像重疊時，第三架相機就能發揮作用。我們遇到過各種艱難的重建問題，這第三架相機為我們提供了十分關鍵的幫助。

三架相機同時以千分之一秒的精度每秒拍攝五張照片（我們設計了一個簡單的電子設備來操控相機）。實際上，我們在每架相機上都安裝了連動裝置，讓相機兩兩交替拍攝，使圖像頻率翻倍，所以我們其實每秒拍攝十幀圖像。事實上，我們並不比通常每秒拍攝二十五至三十幀圖像的攝影機差多少。雖然我們用的是相機，但實際上拍出來的是短影片。

我在此省略所有技術問題不談，例如相機如何排列對齊（後來用一根拉緊的釣魚線解決）、對焦和校準、大量資料的快速儲存……最終我們成功了，主要歸功於卡瓦尼亞的努力不懈，我很樂於將指揮權讓給他，他的確是比我優秀的領導者，我當時事情太多難以專注。

顯然，我們不僅需要拍出3D影片，從技術角度來看這是一個非常費工夫的工作，還必須重建三維位置。電影院裡的3D電影操作很簡單：我們眼睛看到的是由一台設備拍攝的東西，而我們經過數百萬年演化的大腦完全有能力生成三維視覺，將我們在空間中所見物體的位置確定下來。我們在電腦上使用演算法時面臨類似的操作，這是挑戰的第二部分。我們用了統計分析、機率和複雜的數學演算法全部技能。一連好幾個月，我們都在擔心不能成功，因為有時你抓住一個艱難的問題不放，但最後無功而返（事先不可能

3 火車進入羅馬行政區域之後會停靠許多站，中央車站（Termini）是指月台端點為封閉式的終點站。

知道）。幸運的是，經過一場奮戰，發明了各種必要的數學工具，我們找到方法解決了一個又一個難題，在拍出第一張清晰照片的一年後，終於得到了第一批三維重建圖像。

・飛行研究

雖然研究椋鳥的行為明顯是生物學家的事，但對於個體三維運動的量化研究則需要只有物理學家才具備的分析能力。同時分析數百張照片上數千隻鳥，以重建單個標本在空間和時間上的軌跡，是我們這個專業的拿手工作。適用於這些分析的技術與我們為解決統計物理學問題或分析大量實驗數據而開發的技術有很多共同之處。

經過近兩年的工作，我們獨步全球率先擁有了椋鳥群的三維圖像。只是通過簡單的觀察，我們就學到了很多東西。當我們在地面上用肉眼觀察鳥陣時，最令人印象深刻的特徵之一就是看到牠們飛快地變化形狀。這一點很難向從未親眼得見的人描述：天空中飛舞著一片片形狀變化無常的物體，它們霎時變得很小，擠壓在一起，霎時又延展開來，變來變去，忽而變得幾乎看不見，忽而又黑壓壓一片。無論是形狀還是密度都變幻莫測。

曾經有人試圖利用電腦重現這種飛行狀態，許多飛行模擬都是以大致呈球形的鳥陣為出發點的。然而，我們得到的第一批三維照片向我們展示的鳥陣卻更像扁平的圓盤。正是由於這個原因，我們才會看到形狀的快速變化：一個盤狀物體，根據觀察角度的不同，可以呈現不同的形狀，從正面看它會變得又大又圓，從側面看就會變得又小又扁。因此，這種形狀和密度巨大而急速的變化是鳥陣與我們的相對方向發生變化時呈現出的三維效果（卡比博在做實驗之前曾做出這樣的解釋，但在沒有觀測數據的前提下，我們無法證明他的直覺是正確的）。

然而，我們極其驚訝地發現，鳥陣邊緣的密度與中心的密度相比，幾乎高了三〇%。椋鳥越是靠近鳥陣邊緣，就互相離得越近；越接近中心則離得越遠。這有點像在擁擠的公共汽車上，越是靠近車門，乘客就越密集，剛上車的人、要下車的人，甚至連要繼續留在車上的人都擠在車門旁邊。如果我們想當然地把鳥陣中的鳥看作相互吸引的粒子，預期得到的結論是鳥的密度在中心位置最高，在邊緣上會降低。但事實恰恰相反。這些鳥陣的邊緣非常清晰，很難見到一隻鳥獨自飛行。這種行為很可能是出於生物學原因，即椋鳥為了抵禦遊隼的襲擊。一隻落單的鳥很容易被捕食，鳥陣邊緣的鳥彼此之間靠得越近，就越難被遊隼抓住。處於邊緣的鳥傾向於相互靠近作為防禦措施，居中的鳥就不用貼得那麼緊來獲得安全感，因為牠們已經被邊緣的同伴保護了起來。

透過第一批照片，我們還發現每隻鳥與前後同伴保持的距離往往比與兩側同伴的距離遠。這有點像高速公路上的汽車：兩輛汽車保持兩三公尺的橫向距離是完全正常的，前後車距兩公尺則絕對不可取。

此外，這種前後距離大而兩側距離小的趨勢不僅出現在密集的鳥群（平均距離約為八十公分）中，也出現在稀疏的鳥群（平均距離約為兩公尺）中。這種現象並不取決於鳥與鳥之間的距離。我們有理由推測，這不是由動力學問題造成的，不像兩架飛機之間總要保持一定距離，以避免對方的湍流干擾，否則，當兩隻鳥之間的距離更大時，上述現象的效果就會小很多。之所以產生這種現象，是因為牠們採取彼此定向的方式，以保持軌跡而不會相撞。

•一些新東西

椋鳥定位的這一特點讓我們獲得了一個完全意想不到的結果：椋鳥之間的交互作用與其說取決於牠們之間的距離，不如說取決於距離最近的鳥與鳥之間的聯繫。這似乎是順理成章的：如果和朋友們一起跑步，為了跟上別人的腳步向右轉，我的注意力就會集中在最近的朋友身上（他離我只有一公尺或兩公尺遠），我幾乎不會關注離我較遠的那位朋友在做什麼。其實，事後看來，這本是理所當然的事。然而，在物理學和數學領域，為了解一項新事物需要付出巨大努力，但通過各種步驟得出的結論卻又簡單而自然，此二者之間的不平衡關係往往令人感到詫異。科學研究工作完成後，就像詩歌創作一樣，創作過程的艱辛以及猶疑與徬徨，都不留痕跡。

從牛頓萬有引力定律開始（「兩個物體之間的引力與距離的平方成反比」，你們還記得嗎？），物理學已經習慣性地認為交互作用取決於距離。直到把這些實驗數據全部攤開來，大家才意識到距離在決定交互作用的強度上只起了邊緣作用。

那我們的情況又是如何呢？首先，我們已經以量化的方式闡述了此前的觀測結果，即椋鳥具有與前方同伴保持最大「安全距離」的傾向，與兩側同伴則否。這樣我們就定義了一個被稱為**各向異性**（anisotropy）的量（在物理學中，如果一個量根據空間方向不同而有變化、具有不同的值，就具有各向異性）。我們如果在特定一組鳥群的照片中測量每兩隻相鄰鳥的各向異性，會得到一個很高的值；但如果是遠處的鳥，這個值幾乎為零。到目前為止，我們還是很滿意的，我們預計離得遠的鳥不會有關於牠們相互位置的訊息，並且側面距離和正面距離之間沒有差別也合乎情理。

然而，當我們比較不同組照片中間距相同的椋鳥的各向異性時，卻出現了嚴重的問題。這種作法完全不對，有時相距兩公尺的椋鳥各向異性非常大，而在其他幾組照片中，同樣距離的椋鳥各向異性卻可以完全忽略不計。這些數據看起來沒有意義。最後我們意識到，比較不同鳥群中距離相同的兩隻鳥的飛行狀態是行不通的，因為相鄰的鳥與鳥之間的距離會因鳥群的不同而存在非常大的差異。

我們改變了觀點：我們為每隻鳥都確定了鄰居一號，也就是離牠最近的同伴，然後是鄰居二號、鄰居三號……我們發現這些鄰居一號的各向異性都很高，鄰居二號的則相對較小，到了鄰居七號時各向異性就幾乎為零了。乍一看，訊息似乎沒有比之前的分析更多：各向異性隨著距離的增加而減小。然而，當我們比較鳥群時，情況發生了變化：不同鳥群的第一對鄰居各向異性是相同的，即使這些成對的鄰居之間的平均距離在一個群體中是另一個群體的兩倍多。我們無須絞盡腦汁就能得到答案，因為數據讓我們不得不假設鳥類之間的交互作用並不取決於鄰居之間的絕對距離，而是取決於距離的相對關係。

這是我們二〇〇八年第一次工作的成果。台伯河水滾滾流逝。研究小組的組成發生了變化，我開始全職從事玻璃的研究工作，新的資金也到位了，我們購買了更先進的新設備：市場上出現了每秒可拍攝一百六十幀圖像的相機，分辨率為四百萬像素。

此前我們已經進行了大量工作，引入了新想法、新算法，目前可以以百分之幾秒的精度確定鳥群轉彎時每隻鳥開始轉彎的時刻。在鳥群中，幾乎總是一側的一小群鳥先開始轉彎，並且在很短的時間內所有的鳥都相繼完成轉彎的動作，小群用的時間只有十分之幾秒，大群則要整整一秒。在對數據的長期分析和細膩的理論考量之後，我們詳細理解了鳥群的量化行為，即便是在牠們轉彎的時候：鳥類遵循簡單的規則，牠們運動時是根據臨近椋鳥的位置進行自我調節的，遵循的規則都可以用有效的測量方式還原出來。轉彎的訊息在一隻鳥和另一隻鳥之間快速傳遞，就像一個極其迅速的口令。

我們的研究徹底改變了此前用於研究鳥群、羊群和其他動物群體的典範模型。事實上，在我們的工作之前，人們理所當然地認為交互作用取決於距離。然而，從我們的工作開始，大家就必須意識到交互作用總是發生在相鄰最近的個體之間。但也許最有趣的結果是，這是一個具體的例子，明確地表明人類可以同時跟蹤數千隻鳥的位置，還能從中提取有用資訊以了解動物的行為。

我們的結論之所以成為現實，是因為我們使用量化技術對一大群動物的行為進行了統計學研究。我們在生物學中運用方興未艾的統計物理學技術以解決複雜無序的問題，確立了新的研究標準。並非所有的生物學家都樂於見到這種跨界行為，有些人對我們的成果很感興趣，而另一些人則指出，在我們的研究中生物學成分太匱乏，而數學成分又太豐富。這項成果的論文一度被很多期刊拒絕，或許他們都追悔莫及。在我們發表的第一篇文章取得巨大成功之後，現在已被近兩千篇科學論文引用，後續還有更多。

生物學正在經歷一個巨大的轉型時期：對大量超比例增長的數據的識別，使量化研究方法的使用不僅成為可能，而且是必不可少的。這些方法既可以是恰如其分的，也可以是不合時宜的，這在很大程度上取決於研究的背景，特別是生態學領域，在動物行為研究中，數學的過多介入很可能產生負面反應。事實上，生態學家在探尋某些行為的背後原因時，有的人可能會認為，量化方法純粹是描述性的，因為並不觸及生態學研究的核心。

然而隨著時間的推移，許多科學學科的精神發生了變化。這是通過激烈的爭論得以實現的：哪些方法論是科學的、行之有效的，而哪些方法論因無法滿足學科的真正需要而被淘汰。關於這個問題，我想起了偉大的量子力學之父馬克斯．普朗克（Max Planck）那番憤世嫉俗的言論：「新的科學真理之所以能夠取得勝利，並不是因為那些反對它的人被說服，看到了光明，而是因為反對者最終死去，取而代之的是諳熟新概念的新一代。」我比普朗克更樂觀，我認為只要有美好的意願和足夠的耐心，就有可能——至少在大多數情況下——達成共識，或起碼能澄清分歧。

2

五十多年前的羅馬物理學界

La fisica a Roma, una cinquantina di anni fa

我曾經有這麼一個印象——沒有任何理由——物理比數學更難，因此我發現學物理會讓我面對更多質疑，這是一個更大的挑戰。

保存過去的記憶非常重要，在科學領域尤其如此。因此我想回憶一下我大學最初幾年的時光，以及當時物理學界的狀況。我不是歷史學家，所以我僅限於講述自己的記憶，這是一個對基本粒子物理學感興趣的理論物理學家的記憶。

我於一九六六年十一月入學就讀羅馬大學。那時候，一二年級的學生不能在物理學院隨便閒逛。我們有普通物理學和物理實驗課，上課的時候必須走後門，因為學生成群結隊從正門進進出出被認為是有失體統。正門由阿戈斯蒂諾（Agostino）牢牢看管，他是物理學院的資深門房，有超凡的記憶力，記得每一個人和每一件事。阿戈斯蒂諾會攔住一二年級的學生，問他們來學院做什麼。由於實際上大多數學生無事可做（除特殊情況外），他便會把人趕走，讓他們繞到後門去。

我們一年級大約有四百名新生，那時沒有麥克風，教授們不得不扯著嗓子說話好讓學生聽到。普通物理學絕對是最重要、最有意義的課程，由愛德瓦多．阿瑪迪（Edoardo Amaldi）和喬治．薩維尼（Giorgio Salvini）分學年輪流講授。我遇到的是薩維尼，他簡直就是個表演大師，而阿瑪迪則相反，比較中規中矩。有一次，薩維尼帶著一把旋轉椅來，他開始快速旋轉，雙腿抬起，手裡拿著兩個沉重的鐵啞鈴，向我們展示當他收回手臂時會旋轉得更快，張開手臂時速度就會放慢。芭蕾舞者很熟悉這種現象：腳尖立地旋轉一開始要先張開雙臂，在旋轉過程中雙臂則要收回。那堂課以闡明角動量守恆定律收尾，而這條定律解釋的就是我們之前觀察到的現象。

我們之所以想從正門進學院，主要是為了去「小物理」實驗室，稱之為「小物理」是為了跟普通物理學實驗室有所區隔，那個實驗室名曰「大物理」。實驗練習都是在迷宮般的地下室進行的（我記得那些房間都很潮溼，全部是水泥地面），每個房間都有不同的實驗要做（大氣壓力，重物從幾乎沒有摩擦力的斜坡上滑落，測量讓冰融化所需的能量……）。我們三十人一組，每個房間十張桌子，每張桌子三人，三人一隊做實驗，持續整個學年。在這樣的情況下，很難見到高年級的學生，我們會接觸到的只有同年級同學。

• 一九六八年

一九六八年一切都變了。改變的不僅是大學，還包括義大利、歐洲乃至全世界的政局。隨之而來的是席捲了整個社會的巨大政治激進化浪潮，以及對傳統習俗的反思。像我這種溫和右翼派傾向，一般都投票支持自由黨或天主教民主黨的人，被捲入社會衝突的洪流之中，紛紛轉向馬克思主義思想。關於一九六八年的歷史及其前因後果，人們已經費盡筆墨，不用我在這裡多談。但我想說說一九六八年對物理學院的影響。對我來說，這一切都是從物理大教室開始的，在那裡召開了一個擁擠不堪的代表大會（參加代表人數是三百個座位數的兩倍）。大會開了整整一下午，直到晚上九點才投票決定是否占領學院。結果「占領」獲得大多數人支持（好像是二比一），這是我們學生自己做出的決定，因此我們要為發生在物理學院內的一切事情負責，當然那些投反對票的人也要負責，因為即便他們投了反對票，終歸還是承認了這次投票的合法性。

社會運動黨（Movimento Sociale Italiano）的國會議員卡拉多納（Giulio Caradonna）在新法西斯行動隊的簇擁下闖入大學，他們手裡都拿著用義大利國旗纏繞的堅硬長棍，喬治・卡雷利院長（Giorgio Careri）對這些事一籌莫展，他非常擔心物理學院三樓的圖書館會發生火災，因為我們的滅火器都被拿到文學院，以便對付那裡的突襲者。卡雷利走到在學院門口執勤的學生身邊，表示了他的擔憂，最後說：「如果實在不可避免的話，要亂就亂到二樓為止吧。」

占領期結束後，不同年級的同學之間，以及學生、助教和年輕老師之間的所有隔閡都已消除。隨後包括學術界不同成員之間也都建立起濃厚的友好情誼：我發現物理學院有一位保羅・卡米茲（Paolo Camiz）教授，他在羅馬音樂俱樂部表演了一首別有韻味的法國香頌歌曲，現在很容易在YouTube上找到。

那時候，物理學院有兩間書刊閱覽室，其中一間四面牆壁書架上陳列的是數十年間收藏的期刊，氣氛肅穆安靜；另一間閱覽室就喧鬧得多，大家在那裡有說有笑，傍晚時分甚至還有人打橋牌（在物理學家看來，一般紙牌遊戲顯然不夠嚴肅）。和現在相比，那時候的學院讓學生更有歸屬感。晚上九點以後，學院會打開後門，讓白天工作的學生進來使用各種設施，因為他們沒有別的時間。[4]

在我看來，我們那時候的物理學院要比現在的物理系更有朝氣。當然我也比現在年輕，比現在年輕五十多歲，我那時候經常接觸的人也比現在往來的人年輕，客觀上講，物理學院的平均年齡的確是最年輕的。那時候，義大利物理學界的大佬阿瑪迪六十歲，有時我們親暱地稱他為「老爸」。阿瑪迪領軍的師資陣容有薩維尼、馬切洛．孔維西（Marcello Conversi）、卡雷利和馬切洛．奇尼（Marcello Cini），他們都不到五十歲，肯定比現在的教授年輕。

卡比博是一九六六年到羅馬大學任教。他三十一歲當上正教授，因為他提出了以俗稱「卡比博角」為核心論述的弱交互作用理論而聲名大噪，此一發現讓他成為諾貝爾獎的熱門人選。他是義大利整個理論物理學界的頂尖人物，一九六八年他三十三歲，與弗朗切斯科・卡洛傑羅（Francesco Calogero）同齡，卡洛傑羅於一九九五年以帕格沃什科學與世界事務會議（Pugwash）祕書長身分獲頒諾貝爾和平獎，這是一個非政府組織，旨在確保科學發展與世界和平局勢同步邁進。

很多從事理論物理學研究的助教比他還年輕，最多三十出頭。當然也有歲數大的老師，比如恩里科・佩西柯（Enrico Persico），他於一九六九年不幸去世，還不到六十九歲。不過，我與他們沒有太多來往，因為最重要的教學任務都是由四十五歲上下的教授負責，與現在的情況相去甚遠。

這不僅是一個年輕學生的印象，也是歷史的爬梳。二十世紀五〇年代，義大利的大學爆發式成長，造就了我們今天看到的高等教育大眾化的結果。其中物理學的發展格外突出，獲得大量資金投入，這也要歸功於阿瑪迪，他是歐洲核子研究中心（全名 Conseil

4 義大利大學以前為保障職場人士就學權益，另訂政策，這類學生可以彈性上課，讀書計畫跟專職學生不同，由教授另外開書單，就讀年限時間也拉長。不同於台灣的大學夜間部。

européen pour la recherche nucléaire，簡稱CERN）第一任祕書長，研究活動橫跨國內外，在國際間聲名鵲起。在其他院系占主導地位的老派勢力（那些聲名狼藉的學術大佬）在物理學院已經日落西山，最優秀的科學家很快就登上了學術權力的巔峰（我三十二歲就獲得教席）。那時候畢業短短幾年就可以獲得編制內工作。我一九七〇年開始在弗拉斯卡蒂國家實驗中心（nazionali di Frascati nel）工作，當時才二十二歲，我的兩個朋友奧雷利歐・葛里洛（Aurelio Grillo）和塞吉歐・費拉拉（Sergio Ferrara）也才二十五歲，他們都是編制內人員。今天這個年齡，如果一切順利，頂多是在學的博士研究生。

•科學交流

我們如今習慣在網路上輕鬆地交換資料或進行通話，成本幾乎為零，很難想像那個時代如何做科學交流的。

國際長途電話的費用令人難以置信。打往美國的電話費用是每分鐘一千兩百里拉，而我第一份研究員工作的月薪是十二萬五千里拉，一個半小時的電話快花光我的月薪了。當時還沒有傳真機，物理學院只有一台電傳打字機（實際上就是一台電報終端機），非常笨重不便，因此很少使用。

電話僅在特殊情況下使用。最有趣的一件軼事跟一九七四年十一月發現psi粒子（註：J/ψ, J/psi粒子）有關。這種粒子由兩個魅夸克[5]組成，此一發現對基本粒子物理學產生了重大影響，因此被稱為「**十一月革命**」。美國兩個實驗室幾乎同時發現它。消息迅速傳遍全世界。弗拉斯卡蒂實驗中心認為自己也有能力觀察到這種粒子，大家立即修訂當時的實驗參數，僅一週後，我們也觀察到了psi粒子，在場的物理學家無不感到歡欣鼓舞。

5 一個魅夸克和一個反魅夸克。在粒子物理學的標準模型裡有六種夸克，魅夸克是其中一種，其他五種分別為上夸克、下夸克、奇夸克、頂夸克與底夸克。

這是一個極為重要的結果。儘管是在美國人發現之後根據他們的實驗訊息獲得的，但也展示了義大利強大的實力。然而，當務之急是給最重要的物理學期刊《物理通訊評論》(*Physical Review Letters*)寫一篇文章，並與那兩篇美國實驗室的文章發表在同一期上。時間刻不容緩，那一期期刊的截稿日期已經逼近。我們觀察到粒子後，趕在那個週末匆忙完稿，為了爭取更多時間，文章是通過電話口述聽寫完成的，這個程序前所未聞。就連圖形和圖表也全靠口語講述，我們口述各點的座標，朋友在大西洋彼岸還原出這些圖形。作者的名字(有上百人)同樣用電話聽寫拼音，結果很滑稽。當時是薩維尼本人負責口述，他在拼讀作者姓名時，為了讓對方聽清楚，總是說字母「S」是「薩維尼(Salvini)的首字母S」。結果作者名單上他的姓名被漏掉了，因為他的姓氏只保留了一個字母「S」，也就是本來作者名單上應該是「G．薩維尼，M．斯皮內蒂……」，但被對方誤寫成了「G．S．M．斯皮內蒂」。看來一份細致的勘誤表是必不可少的。

在科學合作過程中，我們的往來信件往往很長，上面寫滿各種公式。然而在義大利，寫信這種交流方式尤為令人不悅。我們的郵政系統太差勁，航空信居然要十五天才能收到。所以遠程合作幾乎是不可能的，大家必須同在一個地方開展研究。

一九七〇年春天，卡比博把我和比我略為年長的馬西莫·特斯塔（Massimo Testa）找去，給我們看盧奇亞諾·馬亞尼（Luciano Maiani）寄給他的親筆信，此時馬亞尼離開羅馬去哈佛大學進行為期一年的工作。馬亞尼告訴我們他與謝爾登·葛拉蕭（Sheldon Glashow）和約翰·伊琉普洛斯（John Iliopoulos）一起取得的一些成績。這封信讓我記憶猶新的不僅是他們的重大科研成果，還有結尾這句話：「我們把孩子連同洗澡水一起潑出去了。」[6]事實上，這封信告訴我們，卡比博和馬亞尼幾年前開始試圖計算卡比博角的那項研究計畫，已經抵達終點。雖然得到的結論是這個角度無法計算，但是信中提到了後來以他們

6 指卡比博和馬亞尼因無法計算出卡比博角而結束研究，但也因此錯失了發現GIM機制的機會。（譯註）「把孩子和洗澡水一起倒掉」為英文諺語，比喻的是因某物之小缺點而將其整個捨棄，反而丟掉了該物更寶貴的部分，有因小失大、因噎廢食之意。

三人姓氏（葛拉蕭G、伊琉普洛斯I、馬亞尼M）字首命名的「GIM機制」基本概念。GIM機制解釋了為何粒子之間的某些交互作用被允許或不被允許，並預言，必然存在弱中性流和魅夸克。眾所周知，後來這些預測都得到了實驗的驗證，前者是在一九七三年，後者是在一九七四年。

•技術

那時我們大多數的簡單計算都是手工完成的，頂多借助經常放在口袋裡的計算尺[7]。計算尺這種工具現在只有在博物館才能見到，它可以幫助我們快速計算兩到三位數的乘法，後來被攜帶型電子計算機取代了。我清楚地記得一九七三年自己第一次看到攜帶型電子計算機時的驚訝，買一台需要花掉我一個月的工資。

早年被叫作計算機的電腦，在那時與今天大不相同。不過，它們與現在的電腦有個共同特點。我有一位好朋友，比我大幾歲，叫埃托雷・薩魯斯蒂（Ettore Salusti），有一次在走廊上碰見我，他手裡拿著一包打孔卡片，語重心長地告誡我說：「你要小心啊，計算機害人不淺。」惡毒是電腦的一大特點，儘管幾代資訊專家都付出努力，但從未將其根除，但凡有一次忘記把正在跑的資料存檔，那種崩潰的感覺常常讓我們痛不欲生。

那時我們的主機是一台功能強大的UNIVAC機，只有技術人員才能使用，機房在離物理學院幾百公尺遠的一座大樓地下室。這台機器的記憶體（不算外部磁碟的話），差不多有十分之一個MB，大約是我現在手機記憶體的百萬分之一。那座大樓三樓有一些帶鍵盤的機器，簡直就是體型巨大的打字機，它們可以在包含程序指令的卡片上打孔，每張卡片上寫著一行代碼，最多八十個字符。大廳中央供著一台終端機，裡面插著用穿孔器辛辛苦苦寫出的一包包卡片；終端機讀取卡片的速度很快，每秒數十張。經過

7 算尺，也稱計算尺、對數計算尺或滑尺，是一種類比計算機，通常由三個互相鎖定的有刻度的長條和一個滑動窗口組成。在一九七〇年代之前廣泛使用於對數計算，之後被電子計算機所取代，成為過時技術。

少則一分鐘，多則幾個小時的等待，一台高速印表機會在大的列印紙上印出運算結果。經常聽到有人驚呼：「該死，我漏了一個分號，得重寫卡片，全部從頭再來了！」把卡片放進讀卡器需要排隊，有的人帶來的卡片很小一包，裡面只裝著一百多張卡片；有的則帶來幾千張，裝在特殊的容器裡，像個長長的小抽屜。有一次，一位同事絆了一跤，裝在一公尺長盒子裡的卡片散落一地，他慨嘆道：「數據分析沒了。」那些都是程序卡，相當於他研究工作三分之二的內容，把散落在地上的上千張卡片重新按序整理好將是一個漫長的噩夢。面對這不完整的數據，他決定隨遇而安，結束此項研究工作，轉而研究別的問題。

那時候沒有讓電腦以數位方式記錄數據這個概念，一方面根本沒有這種機器，另一方面也沒有能夠將測量儀器和電腦連接起來的介面。我們只能用手抄錄儀器測量的數據以開展下一步工作。在特殊的情況下，為了分析快速出現的信號，我們使用了一項比較先進的技術：感熱紙以每秒一公尺的速度輸送，感熱筆記錄資料，跟心電圖一樣，只是速度快得多。

在粒子物理學中，經常要用到數公尺大小的火花室[8]。粒子通過艙室會產生火花，因此我們就有可能還原其運動軌跡。對火花進行拍照，然後標記它們的座標。這項操作（掃描）是要把照片投影在大工作台上，工作人員（均為女性）的手臂則要像集電弓[9]一樣移動，當手臂移動到正確位置，她們就按下按鈕列印出打孔卡片。在四樓的一個大房間裡工作的這些女士被戲稱為「掃描儀」，她們這項單調乏味的工作是所有粒子物理學實驗的基礎。

8 粒子物理學實驗中為探測帶電粒子的粒子探測器。

9 英語 pantograph，字源為縮放儀，是一種讓電氣化鐵路車輛從架空電車線取得電力的設備。集電弓的得名，乃因為菱形集電弓的升降形狀從側面看好像是張開的弓。

• 基本粒子理論物理學

當時，在我們年輕學生圈裡，基本粒子理論物理學被視為終極學科[10]。許多比我大一歲的朋友都極其聰明，但卻無法跟著卡比博完成畢業論文，因為有太多準畢業生申請找卡比博當論文指導老師。因此，他們不得不選擇其他指導教授，寫一篇其他領域的論文。其實所有這些教授都是義大利最優秀的名師，但在同學們看來，那樣做只是權宜之計，是承認自己失敗。

為什麼基本粒子理論物理學享有如此高的聲望呢？在羅馬，費米的遺風猶盛，與日內瓦的歐洲核子研究中心聯繫極為密切，這是歐洲乃至世界上最大的粒子物理中心。但只憑這兩點還是不夠的。有一種神祕的氛圍籠罩著粒子理論物理學。現在我們都知道夸克的存在了，它們由膠子結合在一起，是質子和中子的組成部分，還有一種理論，即量子色動力學（QCD, quantum chromodynamics），可以用來計算它們的性質。

在那個時代，人們對此幾乎一無所知。從二十世紀三〇年代開始，質子和中子為人所知，慢慢地到了五、六〇年代，人們發現還有許多粒子，但很難觀察到，因為它們的平均壽命很短：這是一個快速衰變的粒子家族，今天被稱作重子（baryons），其中質子和中子是唯一不會快速衰變的，因為它們最輕。看起來質子或中子沒有其他特殊性質。

既然存在一個由相似粒子組成、成員眾多的完整家族，而且我們還觀察到某些類型的衰變，卻沒有觀察到其他類型的衰變，這使人想到，這些粒子可能是由多種成分組成，這些成分以不同方式混合後，會生成不同的物質。千變萬化幾乎不可數的化學物質是由一百多個不同的原子組成，而原子則由原子核和電子組成，原子核又由質子和中子組成，那麼質子和中子是由什麼組成的呢？

10 原文 non plus ultra。據傳海克力斯之柱立起之時，上面刻有這句話，意思是「越過此處，再無一物」，即指此為世界端點的意思。

當時這個問題不好回答，也沒有明確的指引。一九六二年，美國理論物理學家傑弗里．丘（Geoffrey Chew）提出了一個革命性的觀點——靴襻理論（Bootstrap）。這個詞今天被資訊界的人拿來當作暗語，指的是電腦的啟動過程，但當年只有極少數非常專業的技術人員才使用。「Bootstrap」這個英文術語的意思是「靴緣後方的小環結」[11]，有句義大利諺語說：「提著靴襻沒辦法讓自己離地騰空。」（如果你還沒有嘗試過，要想驗證其實也不難。）根據靴襻理論，每個粒子基本上都是由所有其他粒子組成的，基本粒子之間有一種「民主」關係，沒有哪個粒子比其他粒子更重要。幾千年以來對於物質組成元素的研究（早期的觀點之一是「水、空氣、火和土」）已經走到終點，其實並沒有所謂的組成元素，只有不同粒子之間的關係。這個觀點在當時取得了巨大的成功。靴襻哲學垂死之際，弗里喬夫．卡普拉（Fritjof Capra）在一九七五年出版的《物理學之「道」》一書中，將這種理論歸因於東方哲學，但在我看來，倒更像是黑格爾唯心主義的餘音。

當時許多思想學派都試圖用各自主張的自然原理來梳理數量龐大的數據訊息，例如各種類型的對稱性原理、不可能以比光速更快的速度傳輸訊息，等等。這些流派彼此之間鮮少交流，視野是有局限的，而靴襻理論則是當時最為激進的觀點，旨在形成一個完整的理論體系。

專業的讀者可能會問：「為什麼不使用夸克理論呢？」夸克的概念由默里・蓋爾曼（Murray Gell-Mann）和喬治・茨威格（George Zweig）在一九六四年提出，幾個月後奧斯卡・格林伯格（Oscar Greenberg）又為夸克加上了顏色（每種夸克都有三種不同的顏色）。最初，夸克是作為數學簡化方式而被引入的，儘管科學家進行了非常周密的實驗研究，但還是沒有人能夠觀察到它們，這讓人很難相信夸克的存在。後來，一種所謂的「雉雞和牛犢哲學」占了上風，在與瓦倫丁・泰勒格第（Valentine Telegdi）討論後，蓋爾曼將這一構想用在一九六四年一項著名的研究中。蓋爾曼曾使用夸克模型推導出一系列方程式，但對他來

11 靴緣後方多縫的一個小環結名為靴襻，讓人在穿靴子的時候方便施力往上拉。

說，這些方程式比他一開始使用的夸克模型重要得多，夸克模型只是得出方程式的一個簡單方法。之後他就可以忘掉夸克模型，只保留最後得到的方程式。他使用的這種方法類似於一道法國菜的烹飪方法：在兩片小牛肉之間夾一片雉雞肉一起烹製，菜上桌之前把小牛肉扔掉，只留下雉雞肉。即便是那些非常認真研究夸克模型的人也無法完全掌握它。

二十世紀六〇年代末，情況慢慢發生了變化。新的實驗數據產生，理論得到完善，最終人們意識到夸克和有色膠子或許可以用來解釋這些實驗數據。這一觀點隨著一九七四年十一月革命的發生最終取得了成功：psi粒子的發現及其奇特的性質使科學的天平最終偏向了我們現在熟知的這種理論。

• 那麼，靴襻理論最終怎麼樣了呢？

世界上最重要的研究中心之一——以色列魏茲曼科學研究院（Weizmann Institute），有一個強大的物理學家團隊，領軍人物是阿根廷的天才科學家赫克托・魯賓斯坦（Hector Rubinstein）。在他的領導下，米格爾・維拉索羅（Miguel Virasoro）、加布里艾雷・韋內齊亞諾（Gabriele Veneziano）、馬可・阿德莫洛（Marco Ademollo）、亞當・施維默（Adam Schwimmer）開始了一系列的粒子物理學研究，弦論便由此誕生。儘管弦論最關鍵的一步要到一九六八年才由韋內齊亞諾以第一個開弦模型完成，但這些初步研究對於形成概念框架，從而孕育出韋內齊亞諾模型確實是至關重要。在韋內齊亞諾成果的激發下，數個月後，維拉索羅就完成了閉弦模型，讓弦論更加完備。這些令人印象深刻的結果引發了廣泛的關注，慢慢發現這些公式都可以通過以下方式來推導：假設物質是由一根弦（一根有彈性的繩子）組成，不同粒子都可以對應到不同的弦振盪。只可惜弦的性質不能用來直接描述那些觀測到的粒子。

一九七四年，喬爾・舍克（Joël Scherk）和約翰・施瓦茨（John Schwarz）意識到，弦論可以作為一個出發點來描述量子框架中的引力，然而許多細節我們卻無從得知，無論是當時還是現在。但自相矛盾的是，想要消除物質基本成分的靴襻哲學成為撬動一種新理論的槓桿，這個理論中認為宇宙中存在的一切（物質、光和引力波）都是由弦組成的。

思想總是像回力鏢一樣，從一個方向飛去，最後卻在另一個方向落地。如果獲得有趣且不同尋常的結果，此一結果很可能被應用於大家始料未及的領域。

時至今日，我們已經非常了解質子和其他粒子的性質，但就量子重力而言，情況跟五十年前的光景相去不遠。我們有各種各樣的思想流派：弦論、迴圈量子重力論（loop quantum gravity，LQG，或環圈量子重力論）等等。但其中哪個是正確的呢？還是說我們要等待一個新的理論觀念，或一個結果出人意料的實驗？最終的理論將以什麼形式出現在我們面前？這些都很難說，無論我們多麼費力地預測未來，未來總會出乎我們的意料。

3

相變，也就是集體現象

Transizioni di fase, ovvero i fenomeni collettivi

水的沸騰和結冰，都是極為奇怪的事情。只是因為溫度產生了一點變化，我們就會看到一種物質突然改變形態。這是一個集體的變化：無論是結冰還是沸騰，既不是單個原子的事，也不是單個水分子的事。

相變是「日常物理」現象，我們對此習以為常，不覺得奇怪。但是對於物理學家來說，這些非常有趣的現象都是值得研究的。這就是為什麼在二十世紀七〇年代初，我也投入了一些精力研究某些類型的相變，直到一九七一、七二年，這些相變仍然是一個懸而未決的問題。

眾所周知，在100°C的溫度下，水開始沸騰，也就是說，它從液相進入氣相；同理，在0°C時，它從液相進入固相，也就是冰。

對物理學家而言，觀察這些「正常」現象的同時可以提出無數問題：為什麼會發生這樣的轉變？為什麼要在這麼精確的溫度下才會發生？所有物質都會出現類似的現象嗎？當然還有一些問題，現在很難找到答案。

在二十世紀的第一個十年，物理學家有了初步的實驗結果，證實原子和分子是構成物質的「磚頭」[12]，因此也試圖解釋一些宏觀現象，比如水結成冰，就是由這些極小的物質單位集體行為導致的。

從微觀角度來看，相變變得越來越難以描述，成為以不同形式呈現的周而復始的問題。於是，我們先從解決最簡單的案例入手，精進我們的工具，逐步解決問題。

為了在微觀層面研究相變，我們需要了解原子、分子或微小磁石等許多「物質」的行為：放在比傳統物理學更寬廣的範疇來看，我們可以將諸多「基本物體」稱為「單元」，它們之間交互作用，彼此交換訊息，並根據接收到的訊息改變自己的行為。

就物理學而言，「交換訊息」相當於「受力」，但一般來說，由於模型可以應用於許多研究領域，從物理學到生物學，再到經濟學等等，很多個體的行為取決於與之或遠或近的其他個體的行為，通常距離都非常近，因為距離太遠的個體之間是無法交換訊息的。

我們能夠在宏觀層面測量的物理量，例如水溫，取決於微觀單元的行為，比如我們無法觀察到的分子運動速度。

12 義大利原文 mattoncini，英文 building blocks 原意是指用於建築的磚，延伸為「某一學問中最基礎而重要的基本組成部分」，例如物理學的 building blocks 是基本粒子，夸克（quarks）是所有物質的 building blocks。

想像一下，如果用靈敏度非常高的顯微鏡觀察水，我們會看到微微彎曲的啞鈴狀分子在不斷移動、相互吸引、旋轉、彼此遠離和快速振動。這是從分子角度切入對水的描述。然而用肉眼觀察水的時候，我們看到的是一種液體，在一定溫度下結冰，變成固體；在另一溫度下蒸發，變成氣體。如何從單個原子的行為轉移到系統的整體行為，是需要花時間解釋的問題。

• 一級相變

某種狀態變化會在什麼溫度和壓力下發生，研究相變的人對此不大感興趣，他們的興趣點在於發現其中的機制。例如，為什麼這一現象會突然發生，而且發生在一個特定的「點」上？在100°C時，系統發生了哪些變化？為什麼在低於沸點僅僅1°C的情況下觀察這個系統，我們就什麼也看不到呢？為什麼只需要升高1°C就足以讓宏觀行為發生驟變？

從概念上講，解決這個問題絕非易事，以至於二十世紀三〇年代許多物理學家想弄清楚，物理學的一般規律，特別是統計力學的一般規律，是否可以用來解釋相變問題。這個問題在二十世紀四、五〇年代得到解決，應用的是物理學中一個相當普遍的概念，即「能量最小化」。在自然界中，一個自由移動的物體會試圖達到其能量最小的位置，直到找到平衡點為止。舉例來說，滾下來的球會一直滾到坑底。坑底代表了穩定的平衡位置，除非有外力介入，否則球不會離開那裡。

冰也有類似的情況，它在低於0℃時，處於穩定平衡狀態（固相），對應著它的最小自由能。隨著溫度升高，在固相中占據晶格確切位置的分子開始振盪，直到失去固定位置開始自由運動，這就是液相，同樣代表穩定平衡狀態，對應著另一個自由能的最低點。

給水提供熱量就像推動一個球，即便推力很小，球也會開始移動，只不過沒有足夠的能量讓它從坑裡出來。推力變大時，球將獲得足夠的能量離開坑底，持續移動，直至找到另一個平衡位置。

因此，當溫度升高，停留在固相晶格中的水分子將會更劇烈地振盪，直到0°C時，把它們連接在一起的鍵會開始斷裂。在這一階段繼續提供熱能，溫度不會再升高了，但系統獲得的能量會使分子之間的鍵斷裂，直到冰全都融化成水，並在液相中找到新的穩定平衡態。

這種相變被稱為一級相變，其特點有兩個重要的現象。

第一個現象是該系統在接近臨界點時，沒有任何微觀特徵表明它即將發生轉變。溫度為0.5°C的水沒有結冰的跡象，但當溫度再降低半度，水就開始結冰了。當系統接近臨界溫度時，既不會出現水中有冰，也不會有冰中有水的現象。

第二個重要的現象是**潛熱**的存在，即破壞分子鍵而不提高系統溫度所需的熱能。當冰處於0°C時，我們提供的熱能會破壞分子鍵，直到所有的冰融化。我們必須給系統提供使其改變狀態的熱能，準確地說就是潛熱。

有時我們可以把這些相變描述為系統從有序到無序的轉變。事實上，在固相中，水分子占據晶格中的確切位置，因此處於有序相。在液相中，水分子可以自由移動，所以其微觀情況就顯得比此前的固相更加無序。

•二級相變

並非所有材料都表現得像水一樣。還有一些相變是在沒有潛熱的情況下發生的，也就是說不必提供一定的熱能，一旦達到臨界溫度就可以從一個相轉入另一個相。

在這種情況下，隨著臨界溫度逐漸接近，相變連續發生，可以說是平緩地發生。這種變化被稱為二級相變。

我們舉個例子：磁鐵在常溫下是一個磁性系統，隨著溫度升高，磁性會消失。用專業術語來說，就是磁鐵從鐵磁相（磁性）轉變為順磁相（非磁性）。

讓我們看看系統內部究竟發生了什麼。可以將磁鐵的磁場想像成空間中有指向性的箭頭，就像指南針的指針一樣，箭頭的尖端都指向北。

這個宏觀的磁場由系統中單個粒子的基本磁場的總和形成，這些基本磁場被稱作**自旋**。在磁鐵內部，自旋之間存在的交互作用使它們整齊地朝向同一邊，也就是說大量的小箭頭都指著同一方向。

即使在磁化的情況下，相變也會隨著溫度的升高而發生。事實上，提供給磁鐵的熱能會導致自旋的運動增加，從而改變它們的方向。因此，它們將傾向於混亂，最終失去秩序。正是自旋有序的排列才產生了宏觀的磁場，隨著溫度升高，磁場將會減弱，直到完全消失。在這種情況下，我們也可以將相變描述為系統在有序相和無序相之間的變化。

為了幫助理解，我們可以使用一九二四年還是學生的恩斯特．伊辛（Ernst Ising）在博士論文中提出的模型，這可能是物理學家發明的第一個以極簡描述來幫助理解真相的模型。如圖 1 所示，該模型只允許自旋有兩個方向——向上或向下，其他方向都被禁止。

自旋之間存在的力使得它們傾向於在方向上保持一致（全部向上或全部向下），而熱擾動會傾向於使它們無法完全整齊排列，並讓其中一些的方向倒置過來，與別的相反。

鐵磁相意味著大多數自旋方向相同（有序相），順磁相則意味著會有五〇％的自旋指向上，剩下的五〇％指向下，完全隨機分布（無序相）。

我們也可以用對稱性來描述這個系統。如果系統在某個變換之下其性質保持不變，我們可以說這跟系統的對稱性有關。

我們以「所有自旋的翻轉」變換為例。如

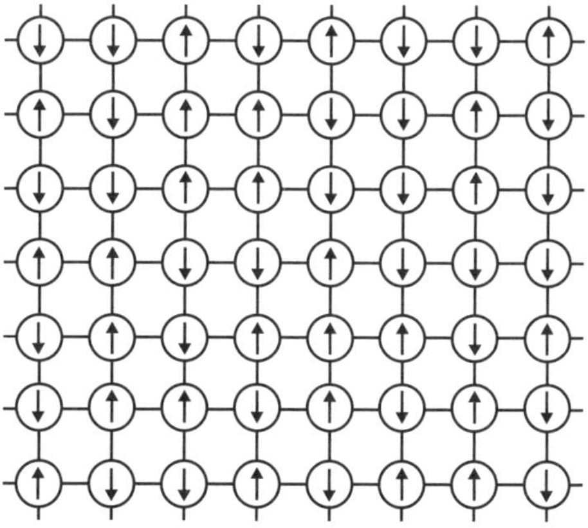

圖1｜伊辛模型網格

果這個變換出現在無序相或順磁相，則什麼都不會改變，我們總是有五〇%的自旋向上，五〇%的自旋向下，而且永遠隨機分布，這就是系統的對稱性。

然而，在臨界溫度以下，大多數自旋指向同一個方向時（如圖2a所示，其中大多數小圓點為灰色），它們的翻轉會導致原來的宏觀磁場發生翻轉，從而改變標記的顏色（也就是大多數小圓點將變為白色）。所以對於有序相或鐵磁相而言，自旋的翻轉不是一成

圖2a｜鐵磁相

圖2b｜順磁相

伊辛模型的兩個相。灰色表示向下的自旋，白色表示向上的自旋。在2a鐵磁相中，你會看到少量的自旋指向上方（白色），而其他代表著大多數的自旋（灰色）則指向下方。在2b順磁相中，自旋是隨機分布的，一半向上，一半向下。

不變的，因為它讓磁場翻轉了。

在這種情況下，我們就會說兩個相之間出現了「自發對稱性破缺」：原本存在於順磁相中的對稱性（自旋翻轉），相變後系統轉為鐵磁相時就不再存在。在沒有外部現象參與的情況下，原來的對稱性自發地打破了。

鐵磁相變屬於二級相變中的一類，二級相變的特徵可以概括為一個參數，在這種情況下，參數是磁化強度，這個參數又稱「有序參量」，表示系統在有序相和無序相之間轉變的過程。

乍看上去，磁性系統似乎比我們此前討論過的水這一類系統更簡單，因為兩個相之間沒有間斷。但魔鬼藏在細節裡，二級相變的細節極其錯綜複雜。

我們拿一塊保持高溫、不會產生任何磁化的磁鐵，把它放在磁場中，慢慢降低它的溫度。越接近臨界溫度，我們會看到系統越容易磁化。一旦達到臨界溫度，相變就會發生，磁鐵自身產生磁化，而不需要外部磁場。

在磁鐵內部，會產生越來越大的鐵磁島（譯註：在鐵磁島內部，磁場方向相同）。兩個相共存的情況（如圖3所示）研究起來非常複雜。

• 普適類

實驗物理學家發現了一個有趣的事實：磁性系統的行為只有一定程度取決於形成它的個別基本單元的行為。

雖然磁性物質千差萬別，各種微觀成分之間的交互作用和對量子細節的描述也

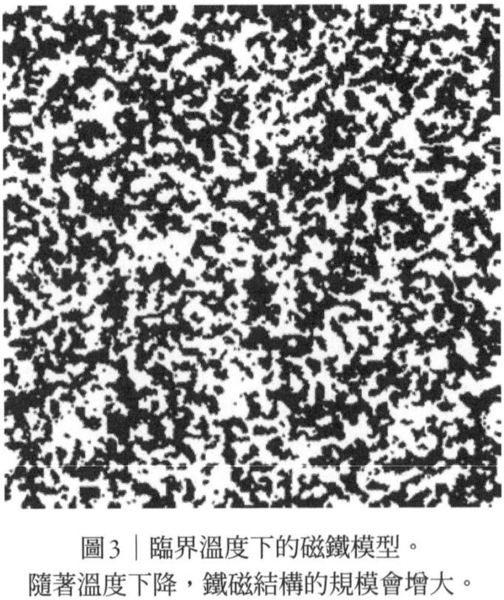

圖3｜臨界溫度下的磁鐵模型。
隨著溫度下降，鐵磁結構的規模會增大。

各不相同，但我們可以看到，磁化強度在接近臨界溫度時會如出一轍地趨於零。這一趨勢在數學上可以用一個與臨界溫度之差距溫度呈冪次方（power-law）的函數表示[13]，該函數的指數有相同的數值，我們稱之為ß臨界指數，所有類型的磁性物質都適用，儘管這些物質彼此有很大不同。[14]

這就好像一級方程式賽車在比賽中各顯神通，但到了最後一圈，大家都不約而同地減慢速度，以便能停在終點線上。

這是一個出乎意料的非凡發現：雖然微觀細節完全不同，但集體行為卻是相同的。李奧．卡達諾夫（Leo Kadanoff）將這一結果形式化，提出了將相變現象劃分為多個**普適類**

13 M~|T-Tc|^{ß}，M為磁化強度，T為溫度，Tc為臨界溫度。

14 在相變點（臨界點）附近，可量測的物理量會與該狀態和臨界點之距離呈「冪次方」函數之關係，此一冪次方函數之指數就是臨界指數。具有相同臨界指數的不同系統，儘管看似無關，但因這些系統具有相同的臨界現象而被歸於同一「普適類」之中。

的概念。不同相變現象若有相同ß指數，便屬於同一類。

這不禁使人想起柏拉圖的自然觀。我們可以說，臨界行為的普適類數量相對較少，每個真實系統都可以歸入其中一個普適類（或用柏拉圖的話來說，可以歸類為某一個理念）。

類別的劃分取決於系統基本成分的自由度。比如說，各種自旋的自由度是不同的，這要看它是可以在三維空間中運動，還是被約束在平面上運動，或者只能自己旋轉。總之，這取決於我們要研究的物質的基本成分能在多大程度上和以何種方式進行運動，指數的值只取決於這些自由度。

二十世紀七〇年代初，這個問題——我們很快就會看到一個具體的例子——才真正引起人們的興趣，大家的感覺是，只要找到恰當的形式體系來計算臨界指數，就會有各種各樣的工具來解決這個問題。所以，我開始研究相變，認為能在短時間內找到答案，之後再回頭研究似乎更具挑戰性的基本粒子的未解之謎。

・尺度不變性

實質上，這項研究是關於自旋之間鐵磁性交互作用較強的系統。我們已經在微觀層面上認識到這些交互作用，因此必須找到一套形式體系，從已知的微觀描述出發，旨在從中間層面描述系統，而不再涉及微觀細節，因為磁化行為並不取決於這些細節。我們從中間層面，即所謂介觀層面（一種介於巨觀與微觀之間的中間尺度），去研究系統的漲落，也就是研究大量的一組組原子如何從一個相過渡到另一個相。

通過研究這些漲落及其交互作用，可以分析系統的演化過程。這些漲落與用來分析系統的尺度無關，我們很快就會談到這一點。

這項工作已經取得了很大的進展，比如喬凡尼・約納－拉西尼歐（Giovanni Jona-Lasinio）和卡洛・迪・卡斯特羅（Carlo Di Castro）二人，他們詳細研究了介觀行為的起源。肯尼斯・威爾森（Kenneth Wilson）則向前邁出了非常重要的兩步，他在一九七一年和一九七二年發表的幾篇文章中，介紹了如何建立一套能夠計算臨界指數的理論。這個被稱作「重整化群」的理論，為他贏得了一九八二年的諾貝爾物理學獎。

・重整化群

要想理解為什麼威爾森提出的處理二級相變的技術被稱為「重整化群」，就需要對他使用的方法有大致的了解。

在介觀層面對系統進行描述，意味著尺度改變但描述不變，也就是說，我們觀察的結果不取決於我們使用多大的變焦鏡頭。

我們看圖4。右圖是左圖正方形的局部放大。如圖所示，無法通過改變觀察尺度或者觀測時的焦距來區分這一系統。

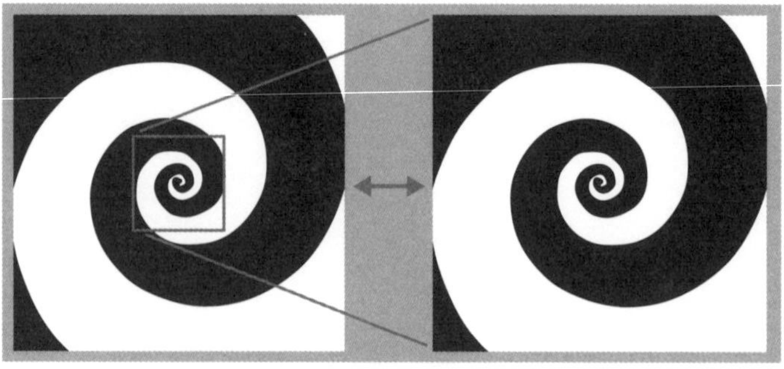

圖4｜分形圖形的尺度不變性

讓我們回到圖3所示的系統。除了尺度的因素以外，它們的漲落行為基本上是相同的，越是「從遠處」（我們可以考慮使用廣角鏡頭）觀察系統，漲落就越小，越接近（調整焦距），看到的漲落就越大。

卡達諾夫已經提出了這個想法，就是將系統劃分為包含一定數量自旋的方格。我們來看圖5a：每個3×3的方格有九個自旋。下一步是計算這九個自旋中有多少向上（黑色方格）、多少向下（白色方格）。取左上角3×3的方格為例，我們看到它包含六個黑色方格和三個白色方格，所以黑色的占大多數。我們將這個剛剛得出的值用在右圖（圖5b）中，將其視為一個單一的整體，即一個單獨的自旋。圖5b左上角的方格實際上是黑色的。組成圖5b的每個方格都是一個自旋，這個自旋的

圖5a

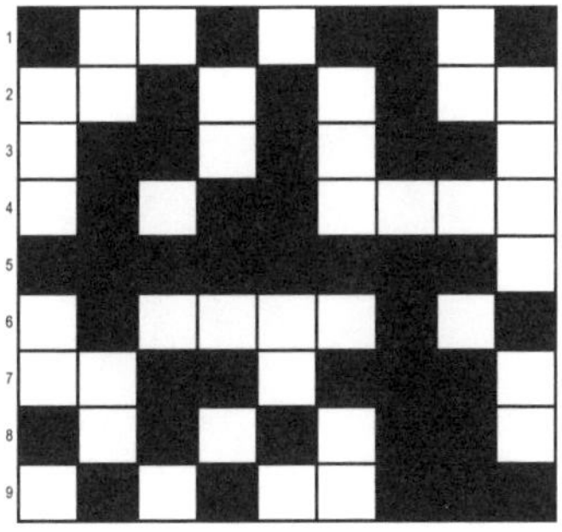

圖5b

圖5｜圖5b由5a的3X3方格組構成。如果初始的九個圖5a方格多數為黑色，則相對應的圖5b方格就是黑色，反之則是白色。

顏色由初始區域的九個自旋中大多數方格的顏色決定。

簡言之，我們使用了一種類似於美國總統選舉的機制：總統候選人如果在一個州贏得多數票，就可以獲得該州所有的選舉人票數。

每次我們這樣操作時，實際上都是在改變尺度，並大幅減少要考慮的變量數量（從一開始圖5a左上角的九個自旋，縮減為圖5b第一個方格的一個自旋）。以這種新方式來描述我們的系統（在更大的尺度上）也不失為一種好方法，其實我們只是通過「更大的顆粒」來觀察它罷了。威爾森的技術讓這項研究從一個尺度轉入下一個尺度，因此被稱為「重整化」。

就這樣，在二十世紀七〇年代初，磁性系統的相變得到了恰當的描述，於是我又回到了基本粒子物理學的研究道路上。

4

自旋玻璃：系統的無序性

Vetri di spin: l'introduzione del disordine

網路日常應用所涉及的人工智能大多是以自旋玻璃和神經網絡理論為基礎。

一生中最有價值的研究成果有時候會無預警出現，在你前往他處的路上跟你不期而遇。我就是這樣。大家認為我對物理學最大的貢獻是**自旋玻璃**理論，而那是我在研究一個基本粒子問題時應運而生的。

那時候，為了解決這個問題，最合適的工具似乎是某個數學技術，名為**複本法**，而我當時還沒有掌握。我蒐集相關問題的所有文獻，開始進行研究。所謂的複本法，是一種數學方法，即取一個系統，進行多次複製，然後比較多個複本的行為表現。這種方法看起來能夠解決我研究的問題，但是在某份文獻描述的案例中，以它得出的結果非常離譜，讓人不明所以。

面對一個還無法清楚界定的新問題時，選擇一種可能不奏效的工具並非明智之舉。這就像在使用指南針的時候，它偶爾指向南方，而不是北方，但誰也不知道它什麼時候會指錯，或不知其原因。

所以我決定先弄清楚這個工具到底可不可靠。

那是一九七八年聖誕節前夕，當時我在國立弗拉斯卡蒂實驗中心工作。我複印了一篇文章，論述的是複本法導致結果不可靠的案例。假期裡我一直把這篇文章帶在身邊。文章討論的是關於無序系統和自旋玻璃的問題，這些問題與我當時的研究領域相去甚遠，我也從未涉獵過。然而要想理解這種方法為何在研究中不起作用，這篇文章又至關重要。我研究了文章用的模型，又驗算了所有的數據，這些都是對的，但結果卻不合邏輯。這個問題就值得深究了。

度假回來後，我的工作進展非常順利，答案似乎唾手可得。我試圖以一些更加先進的研究成果為起點來解決這個問題，以為輕而易舉，但越是努力，問題就越難解決。如果有些結果一致，有些結果又與數值模擬值相去甚遠，這就意味著距離研究結果還差得很遠。或許有必要徹底改變看問題的角度。

不知不覺中，我已經開始探索一個新的研究領域。我不再思考初心所指的基本粒子問題，我的興趣被別的東西激發了。

• 自旋玻璃

自旋玻璃指的是一種金屬合金，取這個名字是因為它們的磁性相變，是由形成合金的粒子的自旋行為所致，而其表現類似於玻璃的相變。

這些合金由惰性金屬形成，比如金、銀，其中含有少量被稀釋的鐵。在高溫下，它們的行為類似於一般的磁性系統，但當溫度下降到某個值以下時，就會出現類似於玻璃、蠟或瀝青的行為：變化越來越慢，系統似乎永遠不會達到平衡狀態。

在學校裡我們都學過，液體是一種被注入固體容器後就會呈現容器形狀的材料。玻璃在高溫下自然是液體，但這種液體顯然有不尋常的行為表現。例如，如果我們把一個裝滿熔融玻璃（或蜂蜜、蠟）的容器倒過來，液體不會立即流到地板上，而是開始慢慢地從容器中「滴落」。玻璃越是冷卻，滴得就越慢，由於某種原因，這一系統行為的速度大大減慢。

當溫度下降時，系統動力的急劇變慢與金屬合金的磁化行為有一些相似之處。這就好比在降低溫度時，自旋翻轉的可能性同時降低，因此不可能達到平衡狀態。

讓我們回到前面的例子，想像一輛滿載乘客的公共汽車，只要密度相對較低，想從一個點到另一個點的人就可以讓其他人避讓而自己順利通過。當然，那些避讓的人也會再使別人挪動位置，產生連鎖反應。只要有足夠的空間，一切都可以正常進行。但是，密度越高，接觸越緊密，人與人之間的空間越小，移動起來就越困難，越容易被卡住。英國人稱之為「traffic jam」（「擁堵」或「交通堵塞」）。

這種現象相當普遍（包括玻璃、蠟、蜂蜜、瀝青、金屬合金……），促使學者們紛紛研究其原理。解決這個問題最好的辦法是建立一個初期很簡單的模型，以重現這種現象。這一過程有可能讓我們發現溫度變化時導致動力變慢的基本特徵或交互作用。這些特徵和交互作用存在於玻璃、蜂蜜、蠟、瀝青和某些金屬合金中，但在水或其他大多數液體中應當不存在。

・模型

從實驗的角度來看，研究這些材料的相變也相當困難。我可以告訴你們一件有意思的事，在澳洲正在進行一項獨一無二的實驗。科學家們採集了一定量的瀝青，在控制溫度的情況下，瀝青仍然保持一定的黏度（因此瀝青不完全靜止並且形成液滴），他們要測量這些瀝青滴落的頻率。該實驗始於一九二七年，到二〇一四年為止只滴落了九滴瀝青。後來我就不再關注這個實驗了，很難想像得等多久我們才會看到有趣的結果……

這些系統研究起來很複雜，最好的辦法當然是建立一個比實際情況簡單的綜合模型，這可以幫助我們找到答案。

為了理解什麼是模型，以及它對理論物理學家的用處，我們可以把它想成大富翁遊戲。這是一種社會模型，只包含幾條簡單的遊戲規則，包括土地的支配權和費用、建築費用和房地產租金的數額，再加上我們生活中經常遇到的偶然因素，通過擲骰子的方式移動，讓「意外」和「機率」來決定玩家是走出困境還是陷入僵局。

有了這些簡單的規則，只要玩上一會兒，你們就會意識到資本主義制度的一個特徵：有錢人會變得越來越富有。

雖然大富翁遊戲不能涵蓋現實社會的所有複雜性，但卻能夠從中把握某些特徵。同樣道理，物理學家建立的模型也不能包含真實系統的所有複雜性，但如果我們能為模型制定一些有意義的規則，就有希望看到模型成功重現研究現象的一些基本特徵。

一旦建立了模型並制定了描述其運行的規則，就可以讓系統進行演化，也就是說，可以開始我們的大富翁遊戲了，或者說我們就可以透過升高或降低這個綜合模型中定義的溫度，用電腦模擬系統的相變。

這個不斷演化的模型將會產生一些結果，就像玩大富翁的時候「有錢人會變得越來越富有」一樣，或者像伊辛模型顯示的那樣，鐵磁相變會在溫度降低時出現。

這樣，我們就可以開始著手發展我們的理論，從綜合模型的規則和初始數據出發，建立可以重現模擬結果的數學結構。這種實驗室不再由磁鐵、電路、電爐或其他傳統實驗設備組成，現在它用的是電腦，我們用電腦重現的並非金屬合金的變化，而是模型的運轉。

如果成功做到這一點，接下來就要釐清，我們建立的這個理論是否真的可以在實際情況中應用，從而解決金屬合金、玻璃、蠟和其他許許多多系統的問題。

•自旋玻璃模型

先前看到的伊辛模型中，自旋之間的力是這樣的：在低溫下，它們傾向於朝同一方向看齊，要麼全部向上，要麼全部向下。

然而，在自旋玻璃模型中，作用於某些自旋對之間的力則傾向於使自旋朝向相反的方向，這就使情況變複雜了。

讓我們來舉個實際的例子。在生活中，我們往往很容易意識到自己的目標與別人不一致，因此不得不放棄自己的追求。例如，我想與甲先生和乙先生成為朋友，但不幸的是，他們二人關係不睦，因此我很難同時與他們成為要好的朋友。這種情況令人感到挫折，若涉及很多人時，就會變得更加複雜。

我們想像一部這樣的悲劇：兩個群體之間有一場爭鬥，劇中的每個角色都必須選邊站。而且，他們每個人對別人都有強烈好惡（這真是一齣悲劇！）。我們可以簡單假設他們之間喜歡與厭惡的感覺都是相互的（今天已經開發出一些方法，可以處理他們之間感覺並非相互的情況）。

我們從這部劇中選取三個角色，安娜、貝雅翠絲和卡洛。如果這三個人彼此都很友善，那就沒有問題了，他們會選擇同一隊。同樣簡單的結果是，如果他們之中的兩個人關係很好，並且都討厭第三個人，第三個人也討厭他們，在這種情況下，志趣相投的兩個人會選擇同一隊，而剩下那個人將選擇另一隊。但是，如果他們三人互相看不順眼，又會有怎樣的結果呢？這會造成一定程度的挫折感，因為有兩個互不喜歡的人必然會在同一隊中。

當許多這樣的三人組感到挫折時，情況顯然就開始變得不穩定了，有些人可能會換到另一隊，試圖找到總體挫折程度相對較低的狀態。我們可以把挫折三人組的數量除以所有三人組的總數，就是這部劇的「戲劇張力」(「戲劇張力」即為相對挫折強度)。

詳細的研究表明，在莎士比亞的悲劇中，這樣定義的戲劇張力在悲劇開始的時候非常小，劇情進行到一半的時候達到峰值，

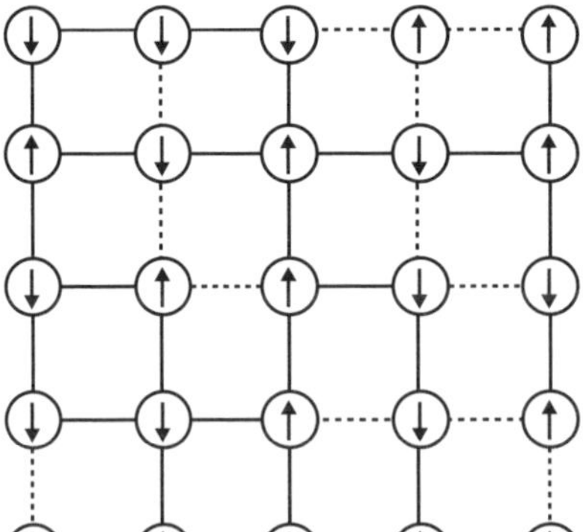

圖6｜自旋玻璃示意圖。在低溫下，由虛線連接的自旋努力朝相反方向排列，由實線連接的自旋則努力向相同的方向對齊。

最後在悲劇結束時減弱。

在圖6的自旋玻璃示意圖中，不再有三元組，而是將自旋置於方形網格上，每個自旋只能向上或向下（禁止朝向其他方向）。剛才說的「友善關係」，現在我們稱之為「鐵磁鍵」，這是傾向於讓自旋指向同一方向的力，在圖6中我們用實線表示。而前面講的「厭惡關係」就變成了「反鐵磁鍵」，用虛線表示，這代表傾向於讓自旋指向相反方向的力。同樣，我們可以很容易地驗證它們是否存在阻挫（挫折感）。來看看圖7的例子。

在這種情況下，左上角的自旋與其下方的自旋之間有一個反鐵磁鍵，但與右側的自旋之間有一個

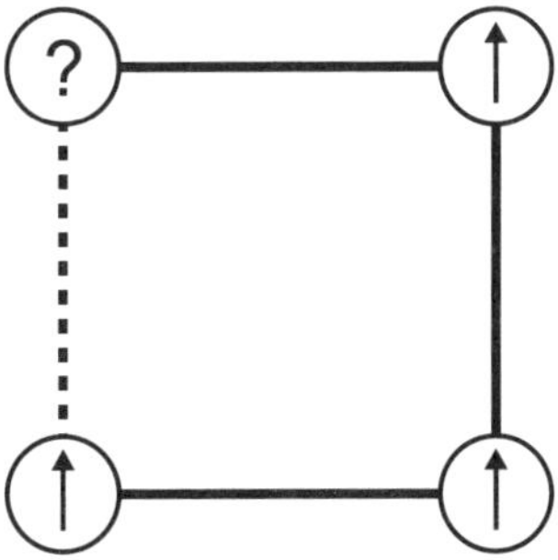

圖7｜用實線呈現的三個鍵是鐵磁鍵，
用虛線呈現的則是反鐵磁鍵。

鐵磁鍵，這樣的話它只能滿足這兩個鍵中的一個，所以並不知道它會向上還是向下。

最早的自旋玻璃模型是由愛德華斯（Sam Edwards）和安德森提出的，但更簡單的模型是謝靈頓（David Sherrington）和柯克帕特里克（Scott Kirkpatrick）在一九七五年建立的。

現在回到我的問題。如果使用複本法來計算謝靈頓和柯克帕特里克模型描述的自旋玻璃系統的物理量，會遇到一系列不合邏輯的問題。例如，計算得到的熵（entropy）會出現負值，這是不可能的，因為在每個物理系統中，熵都是一個被定義為正值的變量。如果一個系統中熵的計算結果是負值，要麼計算結果是錯的（這種情況有可能發生，但事實並非如此，因為我們都做了檢查），要麼某個地方存在概念性錯誤。

• 尋求解決辦法

我最初犯的概念性錯誤有兩個。第一個是技術上的錯誤，很難向非專業研究人士解釋清楚，總之是與錯誤的數學假設有關。

另一個是物理上的錯誤，因為我不知道我正在研究的現象有哪些特徵（後來我花了三年多時間才弄明白我得到的這個數學解的物理意義）。

一九七九年，在我寫的第一篇關於這個主題的文章中，我明確指出，可以使用一個特定的結構來部分解決此一問題。文章最後，我興奮地補充道：「這個結構可以廣而應用，以得到完備的解決方案。」

一如所有科學論文，我這篇文章在發表之前也被送到一位審查委員那裡，就是能看懂文章並決定是否值得發表的同行。他的評語大致是說：「帕里西做的東西讓人完全不能理解。然而，由於方程式給出的結論符合數值模擬的結果，因此這篇文章要發表也可以。至於文中提到推廣此方法以適用於更複雜情況的部分，實乃浪費筆墨。」後來這篇文章發表了，不過我刪去了最後一部分內容。

拋開這些軼事不談，其實那時候我真的不知道自己在做什麼。我已經找到了一些處理問題的規則，並加以應用，最後經過一系列的步驟建立了方程式，而且是有意義的方程式，最重要的是，通過方程式得到的結果與數值模擬的數據完全相符，還得到了熵的正值。

但在「計算過程」中發生了什麼，我當時不明白，這就像進入一條隧道，然後發現自己莫名其妙地從另一頭出來了。

在接下來發表的文章中，理論結果和模擬結果之間的一致性，說明我提出的理論是有意義的，但這種意義仍然不夠清晰。

我沒弄懂的物理問題與物理學家所謂的有序參量有關。正如我們所見，系統中的狀態轉換通常以參數的變化為特徵。例如，研究液體和氣體之間相變的有序參量是密度。在鐵磁相變中，要研究的有序參量是磁化強度。在相變過程中，有序參量會發生變化，例如密度或磁化強度，其不同數值的物理意義是很容易理解的。

然而令人感到意外的是，在我對自旋玻璃的計算結果中，有序參量不再是一個在相變過程中值會發生變化的簡單數字：在相變過程中變化的居然是一個函數。一個值不足以描述相變，但我當時使用的函數並非由單獨一個數字組成，而是由無限多個數字組成。

這個函數在物理上代表什麼呢？使用函數而不是一個數字作為相變的有序參量，是複本法是否奏效的分水嶺。如果參數只有一個數字，複本法會導致荒謬的結果。相反地，如果有序參量是一個函數，即一組無窮多的數字（就像一條線可以被視為一組無窮多的點一樣），那麼複本法奏效，且會產生一致的結果。

顯然，如果需要用無窮多的數（即函數）來描述系統的相變，就必須有一個深刻的物理意義來支持，但這個意義在當時是完全無法理解的。

• 奇怪的數學

在開始討論物理問題之前，我們先試著從數學角度來了解一下哪些改變是必要的。

為了使複本法有效，我必須對其進行「延拓」。某一數學方法存在延拓的可能性是基於一種古老的思想。第一個有這種想法的人可能是十四世紀中葉的法國主教、數學家、物理學家兼經濟學家尼可拉・奧漢（Nicola Oresme）。

他是一位了不起的人物，完美證明了中世紀並不像我們教科書中所說的那樣是科學的黑暗時代。在顯示其才能的諸多成就中，有一本他的著作（大約完成於一三六〇年！），講的是大氣折射造成恆星位置的扭曲。我當然沒有讀完，因為是用拉丁文寫的……然而，從概念的角度來看，他的推理是正確的。他可能是在日落時看到太陽在地平線上有被壓扁的感覺而受到啟發，認為這可能是一種扭曲變形現象。計算扭曲變形對於進行精確的天文觀測是至關重要的，因為恆星的直接測量必須進行兩到三度的校正。

回到我們的話題，奧漢第一個發現了一個數的$1/2$次冪就相當於它的平方根。現在對我們來說，這似乎微不足道，我們從高中就開始學了，卻沒有意識到奧漢在將冪的性質擴展到分數方面所做的邏輯飛躍，因為在他以前，冪的性質只適用於整數。

求冪的概念非常簡單：求一個數的二次冪，就是取這個數兩次，算出乘積；求三次冪，需要取三次，算出乘積，以此類推。所以求$1/2$次冪看起來顯然是一個荒謬的操作，難道意味著「取半次」？奧漢的想法是將求冪的性質擴展，根據該性質，如果對一個已求冪的數求冪，則必須相應地把指數相乘。2^2的三次方等於2^6（即64，或為4^3）。如果把一個數字平方後再求$1/2$次冪，我們會得到起始數字（因為2乘以$1/2$等於1），這意味著求$1/2$次冪相當於取平方根：事實上，一個數字平方後再取平方根就是該數字本身。

這些性質是正式推導出來的，因為取一個數字半次是沒有意義的；然而，形式上得到一致的結果。奧漢超越了最初的觀點，即直觀理解，藉由保存形式的一致性，他獲得一種非常簡單的方法來解決極其複雜的運算。

從奧漢開始，數學經常在新的條件下以一種形式上正確的方式擴展性質，從而拓寬其適用範圍。

為了解決我的問題，我使用了類似的方法。我在形式上應用了僅針對整數開發和驗證的數學技術，希望形式上的性質對於非整數也仍然有效。

我的想法是組合數學的延伸。例如，組合數學告訴我有多少種方法可以將十個物體成對放置在五個抽屜中，延伸思考，我可以用同樣的等式，算出在十個抽屜裡放置五個物體的方式有多少種，這樣每個抽屜裡就有「半個」物體。顯然，結果毫無意義，因為從實際的角度來看，操作無法完成，意思不是將物體一分為二，而只是說抽屜中物體的數量是二分之一。然而，為了得到一個正常的解（一般情況下處理的是真實的物體），我必須基於這些想像的物體來完成：抽屜裡可以有半個物體，物體的總個數可以是非整數，把這些非整數的物體放進抽屜的方案數也可以是非整數！

從這個方法開始，我的想法是將物體分成兩半，然後再分成兩半，重複這個操作，使抽屜中的物體數趨於零。當然，這是一個純粹的數學過程，幾乎沒有物理意義，但它得出了正確的結果，與模擬數據相符。

但是仍有兩個問題懸而未決，即從數學上證明執行這種操作是有意義的，並從物理上理解用一個函數而不是單個變量來描述這個有序參量的意義。

•物理學解釋

幾年後，複本法的數學語言被翻譯成了統計物理學的語言，儘管公式更為冗長，但卻更容易理解。

透過一個又一個線索，我和我的朋友馬克·梅扎爾（Marc Mézard）、尼可拉·蘇拉（Nicola Sourlas）、熱拉爾·圖盧茲（Gérard Toulouse）及米格爾·維拉索羅（Miguel Virasoro）已經能夠理解此一結果的物理意義，這是所有無序系統的共同特徵，即無序系統同時處於大量不同的平衡態中。這是一個完全出乎意料的發現。

如圖8所示，系統可以處於沿曲線分布的任何狀態（例如，我們看圖中四個黑點

A、B、C、D，它們代表系統處於許多可能狀態中的四個）。系統的各個狀態都有不同的能量，且系統可以在不同的能量極小值處（凹陷處）達到平衡。在標為A的狀態中，系統也處於該區域的最低點，狀態B也一樣，但在狀態C和D中，系統處於較淺的凹陷（即系統處於平衡狀態，除非升高系統溫度，否則不會離開這個狀態），但這不代表該區域的最小值。

該圖還顯示了兩個較大的凹陷區域（A周圍的區域和B周圍的區域），每個凹陷區域內都有許多小凹陷。我們可以稱之為M區和N區（見圖9）。當系統冷卻到N區中的某個狀態（例如B、C、D之中

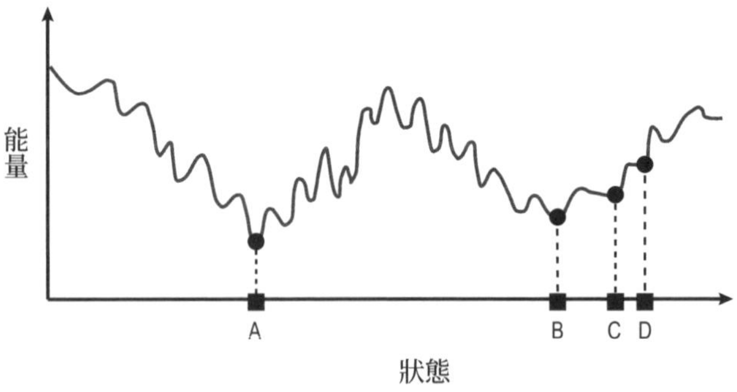

圖8｜在低溫下，系統可以處於曲線所表示的多種狀態中的任何一種。

任何一個狀態）時，即使溫度升高，如果升高幅度不太大，系統也會保持在該區域。隨後，系統將會在一個區域內不斷演化，即發展為一系列構型，這些構型的選擇是根據系統過去的演化歷史所決定的，或者說是由其所處的區域所決定的。在降溫過程中，系統選擇的區域只是眾多可能性中的一個。[15]

通常一個物理系統只處於一種狀態。例如，在一定溫度和壓力下，水或者是液體，或者是固體，或者是氣體。在某些特殊情況下，系統可能處於兩種狀態，我們通常稱之為兩種相，在100°C時，水可以同時處於液相和氣相。另外也存在一個特殊的壓力和溫度值，此時水同時處於三種相：固相、液相

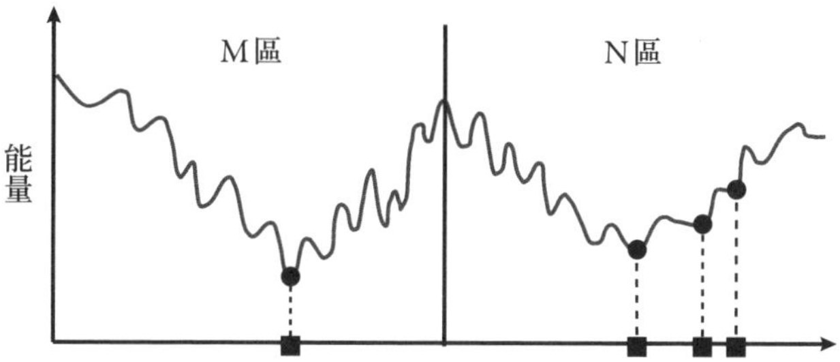

圖9｜系統可以在兩個大而深的區域變化發展

和氣相，這就是著名的水的「三相點」，它的出名並非偶然。一般來說，系統都會處於某個單一的相。然而，我們也發現了同時處於無數相中的低溫無序系統。這就是使用一個函數，即無窮多個數值的集合，來表示有序參量的意義所在。

理解了這一點，對於物理學而言，是一個真正的進步。綜合模型的建立及其結果讓我們發現了一種從未見過的現象。就這樣，無序系統的世界向我們敞開了大門。

從物理學的解釋出發，數學解釋也變成了可能。數學的論證花了二十多年時間，弗朗切斯科．圭拉（Francesco Guerra）及其合作者為了在一團亂麻中理清頭緒做了很多基礎工作。論證中使用的論據，就其簡易性而言都頗具奇思妙想，但事後再看，這一切又似乎都很簡單。

•從模型到現實

為自旋玻璃的問題找到答案是研究玻璃的一個很好的起點，那些鑲在窗戶上的玻璃，至今我們對其行為還沒有一個完全的物理學認知。自二十世紀九〇年代中期以來，我一直斷斷續續地從事這項研究以獲得準確的描述，使我們能夠從各方面掌握玻璃相變。

與自旋玻璃一樣，真正的玻璃也是一個無序的系統，這種無序是由於玻璃的成分不僅有矽，還有許多雜質，以及許多不同類型、不同大小的分子，它們相互混合而構成玻璃。因此，玻璃不能結晶，因為結晶需要規則的結構。如我們所見，被稱為自旋玻璃的這種金屬合金，其無序性是由金內部鐵原子排列的隨機性造成的，當金屬是液體時，鐵

15 補充說明圖8、圖9，降溫過程中，多體系統的能量隨著外在參數變量（溫度、壓力、磁場）之變化會產生許多大大小小的「凹陷處」，這些凹陷處使系統處於「暫時平衡狀態」。多體系統因統計力學「系統能量越低越穩定」的原理，試圖在其附近可能的區域中「選擇」使整個多體系統整體能量更低的狀態，因此當系統冷卻到某一較大凹陷區塊（N區）時，因能量相對穩定，不易跑到M區塊，而會繼續保持在N區塊中。但系統會在此大區塊（N區）中，不斷做小幅度的演化，如：從D狀態演化到C狀態、再演化到B狀態，以尋求系統整體能量最低的「甜蜜點」。

原子可以在金的內部隨機移動，但隨著合金冷卻，鐵原子移動的可能性就越來越小，最後被隨機困在某一位置。

現在，我們正試圖對這個真實過程有一個具體的認識，一切看起來極其複雜，然而工作一旦完成，就變得非常簡單。當你在書上學習一個物理理論或數學定理時，一切是如此清晰明確；然而為獲得結果而進行大量複雜工作的時候，那些理論或定理卻全都灰飛煙滅、消失不見。

另一個需要面對的有趣問題是從示意模型（例如剛剛講解過的自旋玻璃模型）過渡到更為現實的模型，從而進一步詳細描述自旋之間的力，例如要考慮到自旋之間相互距離的因素。

相變是通過具有精確空間位置的個體之間的交互作用而發生的，這在前面討論的簡化模型中無法呈現。

除了缺乏空間結構外，簡化模型也無法呈現時間的發展。

當我們要研究的系統處於平衡狀態時，也就是說當它在某一時段內保持穩定時，統計力學的技術就「容易」派上用場。對於玻璃或蠟等無序系統，達到平衡狀態所需的時間通常非常長，可能要好幾年或好幾個世紀。當然這也會發生在窗戶的玻璃上，只不過我們會用一些工業技術讓它們更加堅固。

如果一個物理過程不處於平衡狀態，那麼時間就有了意義，因為人們總是可以從過程中區分時間先後，這在處於平衡狀態的系統中是無法區分的。

簡單地說，如果一個球處於穩定的平衡狀態，即停在坑底，給它拍一些照片，那麼我們永遠無法將這些照片按拍攝的時間順序排列，因為這個球的狀態未呈現出任何變化的跡象。但是，如果拍攝一個滾落的球，情況就會發生變化，因為在不平衡的狀態下，時間先後是顯而易見的。

因此，我們面臨的問題是要將理論拓展至和時間相關的情形，因為存在這種不平衡狀態；另外，我們還要將理論拓展至和空間相關的情形，因為這些過程都在空間中進行，而且只有相鄰粒子之間才會有交互作用。總之，為了徹底了解玻璃的相變，還有大量的工作要做。

• 拓寬視野

我的初衷是掌握一種可以幫我解決粒子問題的數學方法（對於那個問題，原始的複本法得心應手），後來我發現自己手中握有一個非常強大而實用的數學和概念工具，可用於解決各種貌似毫無關聯的問題，也就是與無序系統相關的問題。

現實世界是混亂無序的，正如我們一開始所說的，許多現實世界的情況可以透過大量交互作用的基本單元來描述。

我們可以用簡單的規則將單元之間的交互作用模式化，但這些集體行為的結果實在是難以預料。

所謂基本單元一般是自旋、原子或分子、神經元、細胞，但也包括網站、證券經紀人、股票和債券、人、動物、生態系統的各個組成部分……

並非所有基本單元之間的交互作用都會產生無序系統。無序產生的原因是一些基本單元的行為與眾不同，比方說一些自旋試圖反向排列，一些原子與其他大多數原子有區別，個別金融營運商拋售其他人正在購買的股票，一些受邀參加晚宴的嘉賓與某些客人不睦，想坐得離他們遠點……

這樣看來，在所有這些無序的情況下，我發現的數學和概念工具對於解決問題都是不可或缺的。

例如，最近我們做了一個實驗，將盡可能多的大小不一的固體小球放入一個盒子中，結果實驗取得了重要的成果。這是一個非常有趣的問題，因為這些大小不一的固體小球可以用來構建液體、晶體、膠體系統、顆粒系統和粉末的模型。此外，固體小球的「裝箱問題」與訊息和優化理論的重要問題也息息相關。[16]

•在巨人的肩膀上

伽利略發現了一個非常強大的研究自然的工具，就是將自然現象簡化。他建立了一個完全忽略摩擦的理論，請注意，在一個沒有摩擦的世界裡，我們既不能走路（因為會滑倒），也不能吃飯（因為食物會從餐具上掉下來）。現代物理學肇始於伽利略的世界，與真實世界截然不同。在後來的幾個世紀裡，這個世界有其他元素被添加進來，使之成為令人滿意的對真實世界的近似描述。托里切利（Evangelista Torricelli）在一封信中有一段關於物體運動的文字非常優美，很好地詮釋了伽利略的這一觀點：

「〈論運動〉學說的原理是真是假，對我來說無關緊要。因為，即便它們不是真的，我們可以根據我們的假設來假裝是真的，然後把這些原理推導出來的所有推論都視為純粹嚴謹的推論，而非模稜兩可。我想像或假設某個物體或某一點以一定的比例上下運動，在水平方向也做同樣的運動（翻譯成現代語言，就是『在沒有大氣摩擦的情況下移動』）。在這種情況下，我認為一切就會遵循伽利略提出的理論，還有我的理論運作。如果鉛球、鐵球、石球不合乎這個假設的比例，會由於摩擦而減速，那我們可以說，我們討論的對象不是這些球。」

16 Impacchettamento，簡稱裝箱問題，是尋找多體系統最佳狀態的一個問題。把大量小盒子裝進大箱子並塞滿，現實中要如何才能裝得多又快？而物體的重量、性質、保存條件等都不相同，加上取出的順序要能快速，又不會使運輸工具失去重心，因此裝箱最佳化在效率至上的運輸界中是十分重要的。「優化理論」（optimization theory）與自旋玻璃問題息息相關，是找到複雜多體系統條件的最佳解決方案。複雜的多體物理系統在非常多大大小小的局部能量凹陷區塊（local minima）中，要尋求滿足整體能量最小的「整體能量最低凹陷處」（global minima），此一「最佳狀態」這就是「優化理論」要討論的問題。有時系統很快就找到整體能量最低凹陷處，然而自旋玻璃系統則會一直停留於局部能量凹陷區塊（較淺的凹陷區）很久、甚至非常非常久（超過科學量測之等待時間及人類平均壽命時間）。之後，系統才會「找到」整體能量最低凹陷處。神經元、細胞，甚至包括網站、證券經紀人、股票和債券、人、動物、生態系統的各個組成部分都是複雜系統，整體行為因而都與「優化理論」相關。

然而，對於托里切利這位有著同樣豐富經驗的實驗物理學家而言，理解物體在沒有摩擦情況下的運動顯然是理解有摩擦現象的前提，所以這其實是必然的過程。

數百年來，人們從簡化物理現象為本質出發，不斷推動物理學的發展。時至今日，物理學已變得如此強大且豐富，可以將當年伽利略不得不放棄的複雜性和無序性，重新引入模型中。

5

物理學與生物學之間的隱喻交流

Scambi di metafore tra fisica e biologia

單個神經元不能構成記憶，許多神經元在一起才行。這句話也適用於磚頭——研究單塊磚頭的科學是一回事，而建築學則是另一回事。

科學建立在實驗證明、分析論證和定理的基礎之上。然而，在科學建構的基礎上，還有不勝枚舉的直覺式推理。就像在藝術和許多其他人類活動中一樣，在科學領域也是先有直覺，然後才求證。以下是兩個典型的例子。

恩里科．費米（Enrico Fermi）和他的合作夥伴發現減速的中子在誘導許多元素的放射性嬗變方面極其有效，這一發現的關鍵所在，是實驗開始時替換掉了用於屏蔽中子的鉛磚，以石蠟磚取而代之。費米心血來潮，並沒有多想，但這一變化的結果是，他在放射性計數器上觀察到信號增加幅度驚人（逾百倍）。這令阿瑪迪、彭特柯沃（Bruno Pontecorvo）、拉瑟提（Franco Rasetri）和瑟葛雷（Emilio Segrè）目瞪口呆。費米立即做出詳細的解釋，他說石蠟使中子速度減慢，而慢中子應該比快中子更有效果。阿瑪迪問他：「你是怎麼想到用石蠟代替鉛的？」他回答說：「憑我強大的直覺。」

我在義大利猞猁之眼國家科學院（Accademia dei Lincei）的同事克勞迪奧．普羅切西（Claudio Procesi）認為，優秀的數學家和糟糕的數學家之間的區別在於，優秀的數學家能立刻知道哪些數學判斷是正確的、哪些是錯誤的；而糟糕的數學家必須通過證明才能知道哪些是對的、哪些是錯的。

在這兩個例子中，直覺都格外重要，所使用的工具都遠遠超出了形式邏輯範疇，因此研究科學進步背後的直覺推理是非常有趣的事。舉例來說，在同一歷史時期不同學科之間的圖像和思想傳遞中，隱喻確實扮演了關鍵角色。

如果我們仔細審視一個歷史時期，可以感知到一種時代精神的存在：不僅在生物學、物理學等不同學科之間，就連在音樂、文學、藝術與科學等不同領域之間，也常常能找到呼應和共鳴。只要想想二十世紀初某種理性主義的危機，想想繪畫、文學、音樂、物理學、心理學同時發生的變化……所有這些學科，彼此相距甚遠，但又相互聯繫，因此我們有理由認為，隱喻在常識的形成中扮演重要角色。

然而令人遺憾的是，通常在科學中，特別是在「硬」科學[17]中，獲得結果所需的中間步驟往往無跡可尋，我們無從知曉是什麼激發了科學家的靈感，因為在撰寫學術論文和專書的時候，不會將科學之外的考量寫入，尤其是數學，但物理學和其他學科也存在這種情況。書面文本經過縝密篩檢，會用一種正式的語言書寫，很少提及非技術性的問題。在較通俗的文本中，偶爾會有一些前科學論證的痕跡，例如龐加萊（Henri Poincaré）的文章，某些文本中存在後設科學[18]的推理；但在科學家撰寫的絕大多數論述中，這樣的主題都成為禁忌。

• 機率

在具體尋找跨學科思維轉換的例子時，我開始思考機率在科學中的應用問題。機率最初的應用領域，除了擲骰子和玩紙牌以外，就是統計學（statistica）。就字面來看，這是一門研究狀態的科學——十九世紀，很多經濟學家和社會學家，如阿道夫・凱特勒（Adolphe Quételet）等，都對統計學和機率計算做出了傑出的貢獻。與此同時，十九世紀下半葉，馬克士威（James Clerk Maxwell）和波茲曼（Ludwig Boltzmann）顯然是各自獨立就微觀層面將機率和統計學帶入物理學中，為的是理解集體行為（就像經濟學家們想要做的那樣）。同一年代，達爾文提出天擇機制說：遺傳性狀隨機變化，繼而選擇變異性狀。對於達爾文來說，演化論的關鍵是在各種不同可能性之間進行選擇的概念。

二十世紀初，隨著孟德爾（Gregor Mendel）的理論被重新發現，演化所依賴的生理基礎被命名為基因，從此達爾文理論成為生物學的主導典範模式。特別值得注意的是，量子力學這個在我們看來與生物學相距甚遠的領域，如果依據哥本哈根學派（二十世紀二〇年代後期）的解釋，與達爾文選擇理論有許多相似之處。量子系統可以處於各種不同的狀態，實驗（或觀察）會隨機選擇出其中的一種可能。

無論是在達爾文理論中，還是在量子力學中，（生物學的或物理學的）演化都會通

17 指的是強調方法嚴謹的自然科學。
18 後設科學也被譽為「研究科學的科學」，是用科學方法研究「科學研究本身是如何被執行」的學科。

過新出現的各種可能性和隨之而來的選擇而發生。可想而知，它們的細節是完全不同的：在自然演化中，新的可能性是隨機出現的，選擇是確定的（適者生存）；然而在量子力學中，狀態的發展是確定的，但在實驗得到的各種可能性之間的選擇是隨機的。這兩種演化方式之間除了存在差異性之外，還有很大的相似性，尼爾斯・波耳（Niels Bohr）、馬克斯・玻恩（Max Born）和哥本哈根學派的其他代表人物有可能聽說了達爾文的演化論，並在某種程度上受到了影響。但令人遺憾的是，在翻譯成英文的最為人熟知的那些技術著作中，我們沒有找到任何蛛絲馬跡。我不是歷史學家，我不能保證他們是否曾在一些鮮為人知的著作中提到此事，但也有可能這些人從來沒有意識到達爾文影響的重要性，因此從未談及。

・隱喻的風險

我們有必要明確區分究竟隱喻是作為具有啟發性的工具使用，還是與諧音等其他修辭格一起作為論證基礎使用，甚至出現以修辭取代邏輯這樣的極端情況。我覺得第二種方式是有害的。一些無法被翻譯成某種語言的概念被譯成這種語言後，扭曲變形還未被察覺，難怪我們經常得出一些完全沒有道理的結論。有時候，這樣做的後果是製造出一些怪物，比如社會生物學，未經研判就將生物學的觀點和隱喻搬到根本不適用的社會領域，殊不知這些隱含的假設在這個領域中，根本就是錯誤的。這樣做會導致一些危險結論，應用在政治上就會出現像社會達爾文主義這樣偏頗的理論。

如此隨意地使用隱喻，有時在某些人文學科中司空見慣，儘管危險性不大，但也同樣會有負面影響。說到這裡，我不得不談談著名的**索卡惡作劇**事件。為了嘲諷偽哲學和偽科學的研究方法，美國物理學家艾倫．索卡（Alan D Sokal）用拉岡（Jacques Lacan）、德希達（Jacques Derrida）等知識分子的隱喻風格寫了一篇文章。這篇文章（即〈逾越邊界：通往量子重力的轉形詮釋學〉）套用了許多毫無意義的物理學、社會學和心理學隱喻，假如索卡執筆時真心相信自己所寫的內容，恐怕他所有同事都會認為他瘋了。索卡非常清楚自己寫的內容毫無意義，他利用強大的註腳，建構了一堆莫名其妙的比喻，還精心塑造了文雅而學術的文風。令人難以置信的是，這篇文章居然被業內最負盛名的期刊《社會文本》(*Social Text*)編輯委員會接受並刊登。當索卡公開宣稱他寫的東西全是胡謅的時候，學界為之譁然，大家尷尬至極，甚至有人想為自己辯護，聲稱索卡的論文可能具有超出作者意圖、自成一格的意義。這篇文章可以在網上找到，非常有趣，誰要是能看懂那些隱喻中的物理學玄機，一定會被作者近乎無窮無盡的想像力所折服。

儘管索卡指出了濫用隱喻的弊端，但在科學交流中，隱喻仍然具有非常重要的作用，比如當我們想把一個科學發現講給外行人聽的時候。然而，出現在共同語言中的隱喻往往並不精確，讓人難以忍受。隱喻不貼切是非常自然的，當一種語言的話語被另一種語言用來表示不同的意思時，就會出現這種問題。這種現象雖然可以理解，卻會讓科學家們非常焦慮。

我發現有一些表達方式特別讓人討厭，比如「這被寫入了左派的DNA中」。每次我聽到這樣的說法，都忍不住想，DNA是性狀遺傳的基礎，是一種達爾文式的傳遞，而文化則是以完全不同的方式傳遞——後天獲得的性狀，以拉馬克式的演化從父親傳遞給兒子。認為文化可以通過DNA傳遞，這種觀點與演化論的基本原理相違背。

輕易使用「定理」一詞會讓數學家們感到惱火。在政治新聞中，定理已經成為獨斷獨行的同義詞，經常是出自某位仲裁者。對於記者來說，定理是一個形式上正確的命題，但其構成卻始於錯誤的假設和推演，即三段論，可以被視為強詞奪理。我們不能完全責怪記者，有時候也會有科學家從不充分的假設(例如「我們假設一匹馬是球形的」)出發，通過數學推理得出可疑的結論，並以定理的形式呈現出來。如今，數學是一種形式上正確的方法，而定理則認定從某種假設可以得出某種結論，因此從錯誤的假設出發得出錯誤的結論就不足為奇了。之所以會有這個問題，通常是因為錯誤的假設，但這些假設都隱藏得很好，不易被辨認出來，由此得出的結論儘管也是錯誤的，卻被吹噓為對的，只因為它是由定理推演出來的結果。這種現象比比皆是，從十九世紀末的論證中常可以看到，例如論證飛機不能飛，或者論證達爾文的演化論是錯誤的，因為地球的年齡最多只有兩千萬年。有些荒謬論證的例子眾所周知，而隱喻暗指的正是這類「定理」。

• 思維方式

然而，在物理學中，隱喻經常用於緊要關頭，特別是在激烈的後設科學爭論中，不清楚該用什麼物理定律的時候。讓我們舉幾個例子。

愛因斯坦認為量子力學一點也不令人滿意，儘管他為這個學科的誕生做出了無人能及的貢獻。對他而言，「**量子力學不是真正的雅各**」[19]。愛因斯坦主要對以機率隨機性為基礎的哥本哈根學派的詮釋提出質疑，他認為物理學理論必須具有確定性。因此，他說出了那句「上帝不擲骰子」的名言，但是波耳似乎也做出了回應，他說：「愛因斯坦，不要告訴上帝該做什麼或者不該做什麼。」

二十世紀五〇年代末，弱交互作用（導致放射性衰變的力）下的宇稱不守恆定律被提出，換句話說，觀看關於弱交互作用實驗的影片時，我們可以知道播放的影片是否正確，有沒有左右顛倒。[20]這個結果完全出乎意料，因為其他自然力是不分左右的。包立（Wolfgang Pauli）說了一句話，具體而微地呈現了當時所有人的困惑：「讓我驚訝的不是上帝是左撇子，而是上帝只有輕微的左撇子傾向。」

有時很難理解某些論點到底是隱喻、類比，還是想要具有本體論的意義。在十七和

19 真正的雅各指真正的答案，解祕的鑰匙、答案。此處是說，量子力學並不是最終而真正的答案，後來的相對論才是。愛因斯坦寫信給波耳說：量子力學確實值得關注，但我心裡有個聲音告訴我，那還不是真正的雅各，我相信上帝不擲骰子。雅各（Jacob）為《舊約聖經》人物，他偽裝成孿生兄長以掃（Esau）以獲得其父以撒（Issac）之長子祝福。

20 宇稱不守恆，所以實驗的影片會有左右不對稱之情形。因為不對稱，所以可以判斷影片是否左右顛倒、是否正確或錯誤。如果完美對稱，即便左右顛倒也看不出來。

十八世紀，物理學的主導是機械力學：每則物理定律都必須用機械力學的術語來解釋，即便有時是不可見的或微觀的東西。機械力學要靠有接觸的各部分之間的交互作用來運轉。在這個概念框架中，彼此有距離的力絕對是難以被接受的。牛頓本人在提出萬有引力定律時（該定律假設即使物體彼此不接觸，也會由於引力的存在而相互吸引；這些物體甚至可以像圍繞太陽旋轉的行星那樣相隔遙遠），曾說過「我不做假設」，他心中的盤算是，自會有後人弄明白基礎力學模型是什麼樣子。

「引力作為遠距離作用的力」被視為無稽之談長達百餘年的時間，還有許多人試圖用機械力學的方法對其做出解釋。其中一次嘗試（也許是最神奇的一次）是，假設空間中充滿了無處不在的輻射，且物體被這種輻射推動。通常輻射來自四面八方，感應力相互抵償。如果有兩個鄰近物體，互相遮蔽，那麼輻射會推動它們，使它們彼此靠得更近，這或許就是引力的起源。基本的機械力學一直存續到二十世紀初：那時真空被認為是一種機械介質（以太），其振盪被視為電磁場產生的原因。

•隱喻、模型與類比

在生物學中，我們也發現隱喻一直存在，而且有其重要作用。例如在十七世紀，有機體被視為一台機器，零組件都非常小，小到肉眼看不見。二十世紀下半葉，在發現DNA中編碼訊息的基本作用後，人們便以電腦作為隱喻，硬體是蛋白質裝置，而軟體就在DNA中。這個隱喻（軟體／DNA和硬體／蛋白質）獲得了巨大的成功，因為它具有強大的說明功能，並完美反映了當時的知識狀態。後來我們發現蛋白質和DNA之間的交互作用要複雜得多，DNA本身可以自我修復。隨後一系列發現使這個隱喻漸漸落伍，然而現在還有人繼續使用。

目前在生物學領域，我們也要面對新的隱喻。例如，有些關於複雜性的隱喻，認為在有大量交互作用的因子（分子、基因、細胞、動物、物種，取決於討論的層面）的情況下，由於集體的交互作用而產生新現象。因此，人們關注的重點會轉移到這些現象上，用物理學的思想和隱喻來解釋這些行為。在這諸多的跨界思想中，網路（如代謝網路）或碎形幾何（用於研究肺部和樹枝的形狀，或花椰菜的結構）最為突出。

大量使用模型是物理學的一個特點，而模型就是一種隱喻。我對拉西尼歐和托馬索．卡斯特拉尼（Tommaso Castellani）二人的一次討論印象深刻，他們討論的是物理學家對隱喻的抵制以及對隱喻的規避傾向。簡言之，拉西尼歐曾表示，將麥浪與海浪進行比較並不是一種隱喻，因為描述海浪的方程式與描述麥穗運動的方程式相似；歸根結柢，此二者是相同的現象，而不是彼此互為隱喻。卡斯特拉尼則指出，對絕大多數人來說，麥浪和海浪看似是兩種本質上截然不同的現象。

為什麼物理學家傾向於規避隱喻呢？為了回答這個問題，我們需要反思作為一門科學的物理學究竟是什麼，相對於數學和其他自然科學，物理學的定位是什麼。物理學家可以被認為是一位應用數學家，他從一個具體的問題出發，將其轉化為物理學的語言，從伽利略開始這個物理學的語言就是數學語言。有時候，物理學家會以不合語法的方式來使用數學語言，但正如拉西尼歐所說，唯有詩人才享有不遵守任何語法規則的特權。

但數學到底是什麼呢？這是研究從每一個具體意義中提煉出來的符號的一門科學。正如伯特蘭・羅素（Bertrand Russell）所說：「數學是一門不知道自己在說什麼的科學。」原因很簡單，如果我們說2＋3等於5，可以是2通電話＋3通電話等於5通電話，也可以是2頭牛＋3頭牛等於5頭牛，我們根本不知道這5個「對象」指的是什麼。這說的只是最低階的抽象，隨著我們向更為抽象的概念邁進，這個問題就會變得越來越重要。數學對象去除了所有感性的表象，因此數學命題就像邏輯命題一樣，具有普遍的價值。

物理學家將具體的現象翻譯成數學語言，在這種語言中，這些現象的許多形體特徵都消失了，只保留了研究某種現象所必需的本質特徵。麥穗的波動和海水的波動可以用非常相似的方程式來描述，在用相同方程式表示之後，此二者就不再是彼此的隱喻，而是同一數學表達式的不同物理化身。實際上，麥浪和海浪的方程式並不完全相同，只是屬於同一個家族而已，也就是說二者都允許波的傳播。就麥浪的情況而言，波的傳播速度與波長（兩個連續波之間的距離）無關；而就海浪而言，速度與波長的平方根成正比，因此海嘯波波長極長，傳播速度也非常快。

•跨學科交流

正如拉西尼歐所指出，對於物理學家來說，發現完全不同的系統具有相同的數學描述是一件非常重要的事。然而，有時方程式相同，但對應的可觀測量的數學表達式卻是不同的。在這麼有趣的情況下，兩個系統被觀察到的行為可能有很大差異，也可能屬於完全不同的物理學領域（比如固體物理學和粒子物理學），這種共享同一種數學表達方式的情況或許是一個完全出乎意料的驚喜。

當我們意識到，兩個完全不同的物理領域可以歸於同一個數學結構的那一刻起，由於這兩個領域互相給養，知識面通常會有迅速的成長。如果對這兩個系統進行深入的研究，那麼在第一個領域中獲得的大量成果和技術（經過適當的翻譯）就可以應用於第二個領域。一般來說，當同一個數學形式的系統有兩個完全不同的物理表現時，我們就可以在兩個系統中利用物理學直覺來獲得寶貴的互補資訊。

一九六一年，在與南部陽一郎（Yoichiro Nambu）合作的一項研究中，拉西尼歐描述了量子真空和超導現象之間的類比關係。「類比」一說已經過時了。從二十世紀六〇年代中期到七〇年代，人們意識到，材料統計特性的計算和量子真空結構是同一數學問題的兩個不同面向。從金屬實驗得到的資訊（例如，我們知道某些材料是超導體）讓我們認識到量子真空的某些可能行為[21]。從二十世紀八〇年代起，「類比」一詞就消失了，取而代之的是「我們推測量子真空是超導體」這樣的說法。

21 因為材料統計特性的計算和量子真空結構是同一數學問題的兩個不同方面，因此它們並非「類比」或「類似」關係，而是數學上「嚴格的一對一」的關係。「類比」關係是指兩個不完全一樣、但具有某種程度上的相似性的概念。

材料統計力學和基本粒子量子物理學之間的關係一度非常重要。關於此一關係，最引人注目的例子或許是由拉西尼歐和卡斯特羅開始的研究，他們首次將重整化群應用於相變研究。事實上，正如我們所見，在量子和相對論場論領域發展起來的重整化群，以及在此背景下打磨出的所有技術，都已應用在臨界現象的統計力學上，並取得了巨大成功（以威爾森獲得了諾貝爾獎為證）。基於重整化群的技術對理解臨界現象至關重要，後來這些技術又在基本粒子物理學中得以應用。在往來之間，新想法不斷湧現，對這些現象的物理學認識也不斷加深，正是從這一刻起，重整化群才開始在基本粒子物理學研究中發揮最根本的作用。

在這類事例中，我認為不能稱之為隱喻，這種**跨學科交**流與傳統的修辭手段大不相同。同樣的數學抽象可以投射在不同的物理系統上，而每一個視角又能給予我們多元的啟發，例如我們說到的各種複雜系統，也就是由許多單元組成的系統，有時候，同一個數學模型可以用來研究奇異的磁性系統在低溫下的行為（自旋玻璃）、大腦的功能、大批群聚動物的行為以及經濟學。在這種情況下，用一個領域的結論在另一個領域進行預測並不完全是在使用隱喻，因為這些系統具有類似的數學形式。這樣做更像是將概念從一個學科轉移到另一個學科的嘗試，是通過共同對應的數學結構來證明其合理性的嘗試。

總之，我從尋找隱喻開始，但後來物理學家規避隱喻的傾向在我心中占據了優勢。我希望我至少把這個習慣的來龍去脈解釋清楚。我知道自己跑題了，但有時候我們要知道自己從哪裡起步，而不是最後到達哪裡。

6

想法從何而來

Come nascono le idee

探索過程中不斷出現的新問題，
遠比我們能做出的回答多得多。

想法從何而來？想法是如何在像我這樣的理論物理學家的腦中成形的？我們運用了怎樣的邏輯思維過程？我想談的除了那些偉大的、改變人類歷史和思想史的想法，更想談談所謂的「微創造力」，也就是在科學進步中至關重要、但在日常生活中微不足道的那些想法。在我看來，一個想法就代表著一個出人意料、叫人驚嘆的思想，一點都不稀鬆平常。

我想從龐加萊和雅克・阿達馬（Jacques Hadamard）談起。這兩位生活在十九、二十世紀間的數學家都曾多次描述過他們的數學想法是如何產生的，二人的觀點有很多相似之處。此二人都曾宣稱，在證明一個數學定理的過程中存在著不同階段。

- 首先要有準備階段，用以研究問題、閱讀科學文獻、進行最初的嘗試性探索。經過一週到一個月的時間後，若沒有新的進展，此階段就宣告結束。
- 然後進入醞釀期，在此期間研究的問題（至少是有意識地）被擱置一邊。
- 隨著靈光乍現，醞釀期立即告一段落。靈感往往出現在與我們要解決的問題無關的契機中，例如在我們與朋友的交談中，哪怕我們聊的話題與這項研究無關。

- 最後，在處理該問題的大方向指引下，必須實際進行推演。這也許是一個漫長的階段，我們必須證實靈感正確與否，如果這條路真的可行，就要通過所有必要的數學步驟加以驗證。

當然，有的時候靈感被證明是錯誤的，因為它假設的某些步驟的有效性無法被證明。那麼，我們就得從頭再來。

這段描述非常有趣，它提醒我們無意識思維的重要作用。愛因斯坦也認可這種作用，事實上，他曾多次強調無意識推理的重要性。可以想見，解決問題的過程無非是先擱置難題，讓思想沉澱下來，然後用新的思維方式面對問題、解決問題。義大利語中有句諺語，「夜晚帶動思索」，在很多語言中都有類似的說法，比如拉丁語的「夜晚適合審思」，英語的「黑夜是忠告之母」，德語說「夜晚帶來建議」，法語說「要向枕頭問主意」，西班牙語也說「無論做任何事之前，先問問枕頭」，古義大利語則說「夜晚是思想的海洋」。

且不論那些高深的問題，即便日常瑣事亦是如此，我說一個我的個人經歷。很多時候，為了我的理論物理研究工作，我不得不在電腦上編寫程式，我覺得這是件輕鬆好玩的事。電腦這個機器不講人情，它會嚴格按照指令去做，並且堅持字面意思，一絲不苟到令人崩潰。如果你告訴一個人沿某條路直行，他有可能不會在遇到第一個彎道的時候駛出路面。但如果是電腦接收到這個指令，遇到彎道就駛出路面是理所當然，除非你非常精確地界定「直行」此一指令的含意。

不管你多麼努力，很多時候你第一次要求電腦做的事情與你真正的訴求都會有細微的不同。用某種程式語言編寫的新程式經常無法運行，如果我們進行簡單的測試，得出的結果會與預期完全不同（至少這是我的經驗，當然，程式設計師越優秀，一步到位的可能性就越大）。

我有過無數次這樣的經歷，折騰一整個上午，只為了弄明白自己到底犯了什麼錯。我仔細閱讀程式，把所有的指令都想一遍，一條接著一條，考慮逗號是否正確，是否少了一個分號，是否多了或少了一個等號，但始終摸不著頭緒。然後，我開車回家時，在半路上會突然想到：「原來錯在這裡！」到家後，我一檢查，果然找到錯誤。

這是十分常見的情況。還有一次，我遇到同性質的狀況，但意義要重要得多，只可惜這樣的事我一生只遇到一次。我和其他同事一起遇到過非常困難的問題，我們千方百計想要找到應對的策略，但始終沒有成功。有好長一段時間（十到十五年），大家提出了各種各樣大同小異的策略，我也親自投入研究這個問題，但最後還是放棄了，因為我覺得實在太困難。然而，在一次學術會議的午休時間，一位朋友告訴我：「你知道嗎，你之前研究的那個問題很有趣，因為它的解決方案會有我們從來沒有想到過的各種應用價值。」我回答說：「但必須先努力找到解決方案才行。也許我們可以試試這樣……」我向他一步一步地解釋了解決這個問題的策略，後來我的這個策略被證明是正確的。

•思想與言語

從這些案例，我們不難理解醞釀過程是怎麼回事。我相信每個人都有類似的軼事值得講述，但如果醞釀過程，無論是醞釀大事還是小事，是一個無意識的過程，我們就需要知道它遵循什麼樣的邏輯，以及它是如何產生的。一般都認為思維可訴諸於言語，而無意識的推理並不是上述意義的思維。愛因斯坦是不會同意這種說法的，事實上他認為完全有意識是特殊情況，而且這種情況永遠不會發生，思維中總是有部分是無意識的。

儘管我不是這方面的專家，也請容許我談談對有意識思維和無意識思維的一些看法。在我們的印象中，我們透過言語思考，形成句子。這一點沒錯，我們與他人交談時是如此，就連我們靜默反思時也是如此。如果有人要求我們不借助言語思考問題，我們會發現自己完全做不到：如果不將理性思考形式化為言語，我們的大腦就無法解決問題。可以是任何一種語言的言語，但必須是言語。

然而，言語形式並不能完整表達我們的思維方式。事實上，當我們開始思考或說出一句話時，我們得知道自己要往哪裡去。我們必須遵守一定的語法規則。我們說一句話的時候，不會從「不」字開始，然後就停下來不知該說什麼，因為當「不」這個詞出現在腦海中，我們已經知道下面該說什麼動詞了，也許整個句子都會浮現出來。但如果真是這樣的話，那麼整個句子在用言語表達之前，就應該以非語言的形式出現在我們的腦海中。

借助言語將思維形式化是極為重要的。言語很強大，它們彼此連接，相互吸引。言語基本上與數學中的算法具有相同功能。就像算法幾乎可以自行進行數學推理一樣，言語也有自己的生命，會召喚其他的言語，讓我們做抽象思考和演繹，運用形式邏輯。也許用有意識的言語表達有意識的思維也有利於我們記住自己的想法，如果我們不通過言語將我們的想法形式化，可能會很難記住。儘管如此，非語言式的思維應該比語言式的思維早出現。畢竟思維在歷史上要比語言古老得多，所以這個說法就不足為奇了。人類語言應該有幾萬年的歷史，但我們不會認為在語言產生之前人類沒有思維（就連動物或很小的孩子，雖然不會說話，也擁有某種形式的思維）。

可惜我們很難理解非語言思維遵循怎樣的邏輯，這也是因為邏輯是以語言為參照，用語言工具來研究非語言思維幾乎是不可能的。然而，無意識思維對於形成新思維至關重要，它不僅在龐加萊和阿達馬二人說的那漫長醞釀期間有用，也是最普遍的數學直覺現象的基礎。事實上，數學直覺乍看之下會呈現出一些令人驚訝的特徵。

通常，證明一個定理需要許多層層推進的步驟，最終得到一個結論，這需要反覆推敲。然而，除了極個別的情況，這並非是定理首次被論證時採用的方法。一般情況下，我們首先要對定理進行陳述：知道它從何而來，到哪裡去，在此基礎上確立中間的步驟，然後通過必要的論證使這些步驟環環相扣，直到得到完整的證明。這就像架設一座橋，首先你要決定從哪裡開始，通向哪裡，然後你要建造那些樹立在中間的橋墩，最後鋪設橋面。如果從第一個橋跨開始架橋，架完之後再去設計第二個橋跨，很有可能這時候才發現第二個橋墩根本建不起來，這樣的作法是不明智的冒險行為。

從某種意義上來說，這就好比一個句子在以言語形式表達出來之前，必須先有完整樣貌，因此在進入推演階段前，數學家的頭腦中也必須已經存在某一論證，起碼要有個大致的思路。

這種處理方式說明了為什麼有那麼多有效定理的第一次證明都是錯誤的。數學家常常在正確地構想了定理，並確定了可行方法之後，卻在證明過程的某個步驟上出錯。如果直覺差不多是對的，或可用另一種完全正確的方法來完成剩下的困難部分，或是用另一種或多或少不同的方案，來得到相同的最終結果。數學家經常談到定理的「意義」，是一種以非正式語言表達的意義，主要基於類比、近似、隱喻或直覺。但這樣的意義一般在數學文本中是不見蹤跡的，那些數學論文會用一種不同的語言來表述：此一意義以某種方式證實了原始直覺的合理性，但由於它無法被轉化為必要的形式，因此被認為不精確，作為朋友之間的談資尚可，但不能寫入嚴謹的論文中。

• 直覺

然而，還有不同於數學直覺的物理直覺，它能隨著時間的推移而演進。正如科學史學家保羅．羅西（Paolo Rossi）所言，伽利略有很強的直覺，他認為天體世界和地球世界是相似的，二者都能適用相同的定律。這一論斷是伽利略許多發現的起點，但要證明它談何容易，因為論證過程經常會原地轉圈。玩世不恭的科學哲學家保羅．費耶阿本（Paul Feyerabend）就會說過：太陽黑子的存在證明了天體世界是可以被腐蝕的，只要望遠鏡沒有造假的話。由於無法證明望遠鏡沒有為天體世界製造虛假影像，伽利略的觀點就意味著：或存在太陽黑子，因此天體世界與地球世界一樣可腐蝕；或望遠鏡產生虛假影像，因為望遠鏡跟來自陸地物體的光和來自天體的光有不同的交互作用。顯然第二種假設很難站得住腳，因為太陽黑子以恆定速度旋轉（由於太陽的自轉）。然而，在那個時代，整個宇宙遵循唯一規則的假設讓人們大為震驚，許多人在這一論斷尚未經證明時，就表示不接受伽利略的直覺乃至隨後的結論。

物理直覺也曾發揮過重要的作用，在二十世紀初量子力學的誕生過程中尤為重要，這是物理學最偉大的冒險之一。一九〇一年至一九三〇年間，很多傑出的科學家都置身其中，如普朗克、愛因斯坦、波耳、海森堡、狄拉克、包立、費米……這一過程看起來非常奇怪，在某些方面甚至自相矛盾。當時，一些被觀察到的現象是同時代物理學家無法解釋的（例如黑體輻射），這並不是因為科學家無能，而是因為這些現象只能用量子力學理論來解釋，但當時量子力學還未被發現。

那麼合乎邏輯的程序是什麼呢？發明量子力學並給出正確的解釋！然而歷史卻選擇了一條完全不同的道路，人們想方設法以明確的經典模型解釋量子現象，假設模型中一些未知的成分以奇怪的方式表現（實際上與經典力學水火不容），同時說出典型金句：「有些問題我還不懂，但我會在接下來的工作中弄明白。」自一九〇〇年普朗克發表了他那篇文章以來，出現了大量針鋒相對的論文，老實說其中一些是錯的。這些文章之所以有錯，是因為他們試圖做一些不可能的事情，即在經典力學範疇中證實量子現象的存在。例如，普朗克在解釋黑體輻射時，假設光與具有正確量子性質的振子交互作用，這與經典物理學的一般原理完全矛盾。然而普朗克並沒有意識到，這個問題與經典物理學格格不入，他仍然堅持走自己的路。

值得注意的是，他的解釋有一部分不無道理，他的物理直覺十分強烈，以至於一面堅持經典力學的習慣，一面對量子現象做出解釋，從而加劇了經典力學與觀察到的現象之間的矛盾……最終，當這些矛盾更加激化時，新生量子力學的許多方面已顯現端倪。舉個例子，在波耳一九一三年提出的理論中，假設圍繞氫原子旋轉的唯一電子只能待在滿足一定條件的特定軌道上，氫原子發光的光譜線可以用簡單的方法計算出來。這個假設在經典力學中無法立足，但是約十年後，當人們意識到新的力學亟須登場時，這一假設就為量子力學的建立提供了至關重要的線索。

阻礙量子力學的最後一道障礙是在一九二四年至一九二五年倒塌的，接下來的幾年中，物理學以驚人的速度取得了進展，到一九二七年底，新生的量子力學實際上已經具體成形。在此之前的準備工作（從一九〇〇年到一九二五年持續了二十五年）之所以取得成果，正是因為物理學家對如何建構這一物理系統有著強烈的直覺。這是與數學家的直覺截然不同的直覺，儘管經常出現錯誤的論點，但卻孕育出促進物理學發展的結果。

對於直覺這個問題，我的一個朋友，一位低溫實驗物理學家告訴我：「你必須非常了解你的實驗設備，了解你正在測量的系統，了解你正在觀察的現象，做到無須思考就能給出正確答案的程度。如果有人問你（或你問自己）一個問題，你必須馬上給出正確的答案，隨即經過反思，你必須能夠說明為什麼答案是正確的。」喬瓦尼・加拉沃蒂（Giovanni Gallavotti）在他那本力學傑作的序言中說，一個好學生應該反思定理的證明，直到定理對他來說天經地義，而證明因此變得毫無用處。

直覺很大程度上取決於學科領域。例如，在各種直覺中，有一種基於數學形式主義的直覺。形式主義是一種極其強大的工具，但如果無意識本身開始習慣使用演算法程序，它就會變得更加強大。[22]

正如我們所見，當我第一次研究自旋玻璃時，我使用了複本法，這是一種偽數學的形式主義（意思是多年後才證明我當時使用的數學方法是有效的），它讓我在還不知道自己在做什麼的情況下就得出了結果，然後又花了很多年時間才弄明白這些結果的物理意義。我在不知不覺中建立了一套數學規則，借此理解計算的方向，然而卻永遠無法將這些規則形式化。

以無意識的方式向前推進並不是只能用來解決科學問題的典型過程。二十世紀的偉大作家盧伽・德拉莫（Luce D'Eramo）曾經說過，當她寫小說時，通常是這樣進行的：把她之前寫完的部分再讀一遍，然後決定下個場景如何開始。在那一刻，書中的角色在她腦海中浮現，她讓他們在新的場景中行動，而她則從旁觀察：「他們應該做什麼不由我決定，但我會想像著、觀察他們的言行舉動，然後把這些記錄下來。」這與龐加萊和阿達馬描述的過程如出一轍。

•得出結論

現在，我想提出最後一個論證，說明我們的思維方式比我們想像得要更加複雜。我經常遇到的棘手問題是：當我們對最終結果一無所知時，就很難證明某一論斷是對或錯。如果有帶有強烈啟發性的觀點表明某一論斷是正確的（或錯誤的），通常（但未必都如此）論證起來就會容易得多。反之，如果對結果一無所知，我們預計會花上最多一倍的時間得出最終結果：一半時間花在假設結果是正確的前提下去推理，另一半時間則花在假設結果是錯誤的前提下去推理。然而說起來容易，做起來難。實際上，我們常常

22 如果某種形式主義的直覺能深入到無意識，即不假思索而能馬上給出答案的思考過程時，這個形式主義的工具，就會變得更加強大，是一種在「不知不覺」之下所建立的形式主義規則。自身在建構此一規則時，並未察覺這些規則之「形式化」或更深一層的含意，而是到很久以後，才明白箇中深意。也就是說，強調外在規則程序的形式主義（如演算法工具），如果能內化成一種無意識的直覺，那麼，形式主義會更強大。

試圖尋找論據來證明某一論斷的正確性，如果失敗了，就會設法證明這一論斷是錯誤的，是在這兩種態度之間左右搖擺，走得不會太遠。也許我們可以有意識地從一個假設轉移到與之相對的假設，但無意識仍然是混亂的。

有一次親身經歷讓我很吃驚，一個小小的附加資訊發揮了令人意想不到的巨大作用。某個非常有趣的物理特性（簡單起見，我稱之為X）已在極其簡化的模型中得到證實，對於理論發展而言，了解此一特性是否可以在現實系統中得到證明至關緊要。我和朋友們多年來一直在談論這個問題，但沒有人知道應如何加以論述，我們也懷疑假設這種特性是真實存在的，以及它是否可以被證明。

有一天，我的朋友希維歐．佛朗茲（Silvio Franz）告訴我，他和盧卡．佩利蒂（Luca Peliti）一起證明了X特性，他們切入的想法非常簡單，又極其聰明巧妙。我為此感到高興。後來我去了巴黎，在一次研討會上宣布我堅信X特性是可以證明的。我沒有公布結果，因為我想等佛朗茲寫下他的論述。研討會結束後，另一位朋友馬克．梅扎爾（Marc

Mézard）在巴黎高等師範學院的樓梯上對我說：「對不起，喬治，你為什麼說你堅信X特性是可以證明的呢？你明明知道我們無法證明它。」我回答說：「馬克，不久前佛朗茲和佩利蒂證明了X特性，他們告訴了我論證過程，而且論證是正確的。」令我驚訝的是，梅扎爾立刻說：「啊，我知道怎麼證明了。」他當場為我大致講解了正確的論證過程。得知X特性可以被證明後，只憑基本的認識，他就在短短不到十秒的時間內完成了長期求之不得的證明。

發人深省的是，有時候只要一點點訊息就足以使某個讓人耗盡心力的領域取得實質性的進展。舉個例子，愛因斯坦說，一九〇七年他全心投入思考重力的問題，有一天他腦中閃過「一生中最令人欣喜的直覺」：我們以自由落體運動下墜時，感受不到重力，重力在我們周圍消失了；重力取決於其參照系統，選擇適當的參照系統，就有可能消除重力，至少在局部是如此。從這一觀點出發，愛因斯坦創立了廣義相對論，這或許是他最了不起也最超越時代的貢獻。

據說愛因斯坦是在遇到一次奇怪事件之後，才有了那個直覺（我不確定這故事是不是真的，如果不是真的，也編得很好）。一個油漆匠來為愛因斯坦油漆房子，他坐在鷹架上的椅子上，在四樓工作。有一天，油漆匠動作幅度太大，失去了平衡，維持坐在椅子上的姿勢跌落鷹架，幸好只摔斷了幾根骨頭。幾天後，愛因斯坦在與鄰居交談時問道：「不知道可憐的油漆匠跌落時在想什麼？」鄰居回答說：「我和他聊過此事，他告訴我他跌落的時候，感覺自己不是坐在椅子上，好像重力消失了。」愛因斯坦抓住了油漆匠的瞬間感受，從那時開始研究，最終創立了廣義相對論。值得注意的是，萬有引力理論的起源總是跟某個墜落的事物有關，對牛頓來說是蘋果，對愛因斯坦來說是油漆匠。

7

科學的意義

Il senso della scienza

強調科學研究立竿見影的影響是荒唐的。法拉第的回答很有名。當某位英國大臣問法拉第，做這些電磁學實驗有什麼用的時候，他說：「目前我不知道，但將來您很可能會對它課稅。」

「科學就像性一樣，有其實際的結果，但這並不是我們做這件事的原因。」二十世紀世界上最偉大的物理學家之一，或許也是人緣最好的物理學家理查．費曼這麼說。

這句話，連同但丁那句以命令口吻說的「你生來不是像畜生一樣生活，而是要追隨美德和知識」，都完美反映了科學家的主觀熱情。科學是一幅巨大的拼圖，每一片適得其所的組成部分都能為其他部分的加入創造更多的可能性。在這幅巨大的馬賽克拼圖中，每個科學家都在為之添磚加瓦，自覺地做出自己的貢獻，當他們的名字終被遺忘，後來者會爬上他們的肩膀，極目遠眺。

我們可以想像這樣一個關於科學事業的生動比喻。夜間，一群水手在一個不知名的島嶼登陸，他們在海灘上生起篝火，開始觀察周圍的事物。他們在篝火上放的木頭越多，可見的區域也就越大；但在此之外，始終有一片神祕區域，被籠罩在漆黑之中，若隱若現，幾乎無法察覺。遠處火光的微弱光芒固然打破了這片黑暗，但隨著篝火亮度增強，那片神祕的區域卻變得越來越大。我們越探索宇宙，就會發現越多需要探索的新區域，每次發現都讓我們得以提出許多以前我們絕對無法想像的新問題。

撇開這些不談，其實對於科學家來說，享受解開這些謎題的樂趣才是最重要的。我的老師卡比博在談論科學家該怎麼做時曾經說過：「如果我們不樂在其中，為什麼要研究這個問題呢？」科學家每每因為做自己熱愛的事得到報償感到手足無措。我的好朋友葛里洛就曾感慨：「做物理學家是一項苦差事，但總比做其他工作好多了。」然而，除了極少數科學家出身富裕家庭，長期閒適進行研究外（想想老普林尼或費馬的例子），一般而言，科學家也都會面臨養家餬口的問題，因此以前從事科學實踐的主要目的是解決民生問題。只要想想歷史上最早出現的科學之一是天文學，就不難明白了。如今我們居住的城市燈火通明，因此很難想像在古代文明社會中，那些掌握季節更替和星辰運轉，還能預知月食（更不用說可怕的日食現象了）發生的人，擁有怎樣的社會地位和權力。

就算科學贊助人的動機可能只是出於對文化的熱愛或對社會聲望的追求，以前的科學家從來沒有忽視過實際應用的重要性，例如，伽利略提出使用木星的衛星掩食作為計算絕對時間的方法，無須精密的時鐘就能確定經度。只不過伽利略的提案過於複雜，實踐不易；這個問題一直到下一個世紀，才因為精密計時器的發行而得到徹底解決。這種計時器對後來百餘年的科學研究貢獻良多。

同樣出於整合科學研究的目的，十七、十八世紀有許多學院成立，至今仍在科學界占主導地位，例如一六〇三年成立的義大利猞猁之眼國家科學院、一六六〇年成立的英國皇家學會、一六六六年成立的法國科學院、一七四三年成立的美國哲學學會。其中美國哲學學會特別有趣，它是由班傑明・富蘭克林（Benjamin Franklin）一手創立的，該學會的成立宗旨是促進「有用的知識」。

隨著時間的推移，科學對社會越來越有用（經濟發展源於科學的進步），但也越來越昂貴，需要越來越複雜的設備和組織。第二次世界大戰為以大眾為本的科學（「大科學」）打響了第一炮，凡納爾・布希（Vannevar Bush）聯合六千名美國科學家為戰爭效力，同時有五萬人一起工作，研製第一批原子彈。今天，義大利的研發部門僅占國內生產總值的百分之一點多，但在韓國，這個數字達到了百分之四以上（韓國不僅在二〇〇二年世界盃淘汰了我們，在科學研發方面的投入也比義大利多三倍）。

科學及科學機構需要得到社會的資助，至於科學家們開不開心根本不值一提。一九三一年在倫敦召開的科學技術史大會上，蘇聯代表團非常明確地表達了這一觀點。尼古拉・布哈林（Nikolai Bukharin，蘇聯高層政治人物，曾非常受歡迎，後來成為史達林大清洗政策最著名的受害者之一）曾經寫道：「認為科學本身就是目的這種想法太天真，把在極其嚴格的勞動分工體系中工作的專業科學家的**主觀熱情**……與具有重大**實用意義**的科學活動的客觀社會角色混為一談。」

如果沒有純科學齊頭並進的發展，很難有技術的進步。一九七七年《蜜蜂與建築師》一書中明確指出，純科學不僅為應用科學提供了得以發展的必要知識（語言、隱喻、概念框架），還有其隱性功能，其重要性並不亞於前者。事實上，基礎科學活動就像是一個巨大的電路，可以用來檢驗科技產品，也可以刺激先進高科技產品的消費。

科學與技術的深度融合或許讓人以為，在一個越來越依賴先進技術的社會中，科學擁有光明的未來（今天廣泛使用的手機，其計算能力達到每秒數千億次運算，差不多就像二十五年前龐大的超級電腦一樣）。

然而，在今天的現實世界中，情況似乎正好相反。當今社會存在強烈的反科學傾向，科學的聲望和人們對科學的信任正在迅速下降，占星術、順勢療法和反科學行動（例如反疫苗運動，或否認葉緣焦枯病菌為南義普利亞橄欖樹致病事件原因，更不用說關於新冠病毒的問題了）與貪婪的技術消費主義一起日占上風。

要深入理解這種現象的根源談何容易。大眾對科學的不信任也可能是源自科學家們某種程度的傲慢，與其他那些尚無定論的知識相比，科學家將科學說成是絕對的智慧，哪怕實際上並非如此。有時候，科學家的傲慢表現在於不試著向公眾提供已掌握的證據，反而要求公眾基於對專家的信任而無條件地接受某些觀點。

拒絕接受自身的局限性會削弱科學家的聲望，這些科學家經常在公眾輿論面前過度炫耀科學是值得信賴的，但事實並非如此。公眾輿論能感受到科學家觀點的偏頗與局限。有時，糟糕的科普人士幾乎將科學成果描述成一種高級的巫術，其玄妙之處只有行家才能理解。這樣一來，在面對被渲染成魔法的、難以接近的科學時，不是科學家的人會被推向反科學的立場，寄希望於非理性的東西（馬可．德拉莫〔Marco D'Eramo〕在一九九九年的雜文集《直升機上的薩滿》中詳細討論了這個主題）：如果科學變成了偽魔法，那為什麼不去選擇真正的魔法呢？

盲目相信技術發展必須仰賴科學發展，可能是一個悲劇性的錯誤。羅馬人掌握了希臘的技術，卻不太關心科學，在天主教會教父亞歷山大城的濟利祿（Chiesa Cirillo di Alessandria, 370–444）的指使下，狂熱的基督徒心安理得地殺害了數學家和天文學家希帕提亞（Hypatia），根本不考慮這種行為的長期後果，反而為消滅了世俗知識而欣喜若狂，這些知識在他們看來非但無益，反而有害。

即使科學持續在全球發展並推動技術進步，也沒人敢保證在義大利這個國家也是如此。從恩里科・馬泰（Enrico Mattei）的神祕死亡（一九六二年）開始，到歐立維提公司（Olivetti）[23]等企業研發試驗失敗後，大型工業對科學研究的態度日益冷淡，系統性的去工業化成了義大利歷史發展的主軸。我們的執政者很有可能決定把義大利的工業和科學研究放在越來越次要的地位，讓這個國家慢慢向第三世界靠攏。

再看到公立學校逐步走下坡，以及義大利政府在文化遺產保護方面的財政投入大幅下降（羅馬競技場的修復是用私人經費完成的，唯一資助表演事業的基金逐年減少，如今已縮減到二十年前的一半），我們就知道，義大利所有文化產業都在緩慢而持續地衰敗。

我們必須全方位捍衛義大利文化，必須竭盡所能將義大利文化傳承給下一代。如果義大利人失去了文化，這個國家還剩下什麼？我們應該為義大利所有文化工作者（從幼稚園到各級學院的教師，從企劃人員到詩人）建立聯合陣線，以應對和解決當前文化面臨的急迫問題。

我們捍衛科學，不只是因為科學的實用性，也因為它的文化價值。我們應當鼓起勇氣向羅伯·威爾森（Robert Wilson）看齊。一九六九年，當一位美國參議員再三追問，在芝加哥附近的費米實驗室建造粒子加速器有什麼用，特別是它是否具備軍事價值能用於保衛國家的時候，威爾森回答：「它的價值在於對文化的熱愛，就像繪畫、雕塑、詩歌，就像所有美國愛國之士引以為傲的所有活動一樣，它無助於保衛我們的國家，但因為有它，讓人民覺得更應該保衛我們的國家。」

為了使科學成為一種文化，必須讓大眾了解科學是什麼，以及科學和文化在歷史發展和今天的社會實踐中如何交相呼應。我們要以平易近人的方式解釋當世的科學家都在做什麼，當前他們面臨的挑戰是什麼。這並不容易，尤其是對於以數學為核心的硬科學

23 Olivetti早年生產打字機起家，現在生產電腦、鍵盤、智慧手機零件等。

而言。但是，有志者事竟成。

人們常說，沒有學過數學的人無法理解硬科學。但同樣的問題，我們在欣賞中國詩歌時也會遇到，中國詩歌是文學與繪畫不可分割的合體，詩歌的原始手稿就像一幅畫，其中每個表意的漢字都是這幅畫中的元素，但它們每次都呈現出不同的面貌。翻譯會使中國詩歌完全失去繪畫的維度，不懂中文的人則無法領略這種詩畫之美。但既然可以用義大利文來欣賞中國詩歌之美，我們也可以讓不懂數學、沒有做過科學研究的人了解硬科學之美。

這並不容易，但有可能做到。我們要推動各種活動，讓許許多多的人走進現代科學。如果不這樣做，科學家是難辭其咎的。

8

我無怨無悔

Je ne regrette rien

在歐洲核子研究中心吃午飯時，蒂尼・維特曼（Tini Veltman）建議我：

「不要做太多事，專注於為數不多但重要的事情就好。」

我始終不知道，在二十五歲的時候讓諾貝爾獎從眼皮底下溜走是一件值得拿來炫耀的事，還是有點丟臉、最好能遺忘的祕密。我傾向於後者，但由於這個故事很精彩，我還是決定說出來，只是需要花些工夫了解一下背景，否則會有點無趣。

讓我們回到二十世紀六〇年代末。當時的實驗計畫非常清楚：質子、中子和當時已知的其他粒子之間發生強烈的交互作用。換句話說，如果我們讓這些粒子發生碰撞，它們的軌跡就會發生變化，在能量非常大的情況下，碰撞會產生出許多其他粒子。值得注意的是，當撞擊能量極大時，兩個質子像兩個撞球一樣相互彈開的碰撞非常罕見。

這種碰撞之所以罕見，可以用以下理論來解釋：質子和中子是複合粒子，在碰撞過程中，它們完全變成碎片，因此無法在反彈時保持完整。我們還需要了解，構成質子和中子的粒子，其基本構成成分有怎樣的行為。這有兩種可能：

- 即使在高能下，這些粒子反彈的碰撞也很頻繁。因此，在所有能量狀態中，它們之間都進行強烈的交互作用。在這種情況下，物質的行為總是難以理解，且在高能下不存在簡化。

• 基本粒子反彈的碰撞並不頻繁，也就是說，粒子在高能下交互作用很弱，對彼此而言幾乎是透明的。質子和中子成分的高能行為很容易計算：它們在實際情況中的軌跡沒有改變，就好像沒有交互作用一樣。這種理論今天被定義為**漸近自由**（用物理學家的行話來說，當粒子不偏離其軌跡時，理論上就是**自由**的，而**漸近**就意味著「處於高能量狀態」）。[24]

漸近自由理論的優勢在於，在高能下，一些量可以用相當簡單的方式計算出來，因此有大量現象都是可以預測的，這一點讓理論物理學家感到欣喜。然而，鑑於宇宙不大

24 粒子在高能下交互作用很弱，在「無限高能量」狀況下，它們可以視為自由的粒子。但現實中，粒子的能量是有限大的（小於無限大），因此，當粒子「越靠近無限大能量」（趨近無限大能量或是「漸進無限大能量」）時，他們也就「越靠近自由粒子」（趨近自由粒子或是漸進自由粒子），此即高能物理之「漸進自由」理論（asymptotical freedom）。「漸近自由」是某些規範場論的性質，在能量尺度變得任意大的時候，或距離尺度變得任意小（即最近距離）的時候，漸近自由會使得粒子間的交互作用變得微弱到可以被忽略。

可能是為了讓理論物理學家過好日子而設計的，所以此一論點並不意味著宇宙一定可以用漸近自由理論來描述。

我開始研究第一種假設。我之所以更喜歡第一種假設，是因為這個情況最難以理解，若想要獲得結果就必須面對更大的挑戰。這也像伊索寓言中，那個不想吃葡萄是因為葡萄「太酸」的故事。事實上，隨著能量的增加，可能的組成成分之間交互作用越來越小這樣一個理論，誰也想不出來。我相信少數思考過這個問題的人都認為這樣的理論可能不存在。一九五五年，俄羅斯天才物理學家列夫．藍道（Lev Landau）注意到，在所有已知的理論中，交互作用的強度都隨著能量的增加而增加，可能只有類似於電磁交互作用的情況例外，但在這種情況下，場本身是帶電的（這被稱為楊–米爾斯理論），計算起來非常困難，所以當時無法知道它是否正確。從技術角度來看，藍道發現了控制高能行為的函數（通常被稱為beta函數）的存在：如果beta函數為正，則交互作用始終保持強烈；如果beta函數為負，則該理論是漸近自由的。

一九六八年，費曼提出，已知粒子由點狀成分組成，在高能下的交互作用可以忽略不計，他稱這些點狀成分為「部分子」，因為它們是物質的一部分。儘管這個提議得到了認可，但構建漸近自由理論的努力卻遲遲沒有得到回報。

直到一九七二年，西德尼・科爾曼（Sidney Coleman）發表了一篇論文，其中表明，即便參照藍道研究的模型更複雜的模型，這位俄羅斯物理學家的結論仍是完全合理的。還需要對楊－米爾斯理論進一步研究以掌握beta函數的符號問題：負號是具有深遠物理意義的意外驚喜。諷刺的是，多年後我們才發現，早在一九六九年，俄羅斯物理學家約瑟夫・B・赫里普洛維奇（Iosif B. Khriplovich）就完成了這項計算，並發表在一本俄羅斯期刊上，而且我們圖書館裡就有英文翻譯版。這位後來轉換跑道的可憐物理學家走在時代的尖端。儘管他的計算清晰優雅，卻沒有人注意到此一成果。我發現它純屬意外，當時我在同一本雜誌上找的是另一篇論文。

那個時候我很清楚在楊－米爾斯理論中計算beta函數符號的重要性。然而，我當時關注的是另外一個問題（相變的問題），所以並沒有在這個問題上花太多工夫。我記得一九七二年春天，我讀完科爾曼的論文後，開始反思beta函數在這個理論中的符號。有一天，我泡在父母家的浴缸裡，凝視著橙黃色大理石的牆壁，專心思考這個問題。我很快就確定beta函數必須由三個不同部分的總和構成：其中兩個部分具有相反的符號並相互抵消，第三部分則是沒有互補的正數，所以總和也應該是正的。但是，假如我再多花一點時間，用我雖然認識、但從未用過的楊－米爾斯理論的計算規則來進行計算的話，很快就會意識到應該添加第四個組成部分，這個部分是負數，而它將決定最終的結果是負數。但我喜歡原先那個正數的結果，所以我沒有驗算，得到錯誤的結果。不過我想要講的不是這個故事，這只是一個因倉促而犯下的典型錯誤，不是特別重要，卻有助於說明背景。

緊接著，情況急轉直下。一九七二年夏天的馬賽研討會上，荷蘭烏特勒支大學二十六歲的物理學家傑拉德・特胡夫特（Gerard 't Hooft）宣布他已經計算出楊－米爾斯理論中

beta函數的符號……結果是負的！然而這個偉大的聲明卻無人聞問，在場的人很少，也沒有太在意。我的一個朋友是該領域的專家，一年後被人問到此事，他記得特胡夫特確實說了些什麼，但實在無法還原當時情況了。

唯一能完全理解特胡夫特計算結果重要性的人是庫爾特・希門奇克（Kurt Symanzik），一位五十多歲的德國傑出物理學家，他敦促特胡夫特對這個課題寫一篇文章。然而特胡夫特與他的論文導師蒂尼・維特曼不久前才剛攜手解決了弱交互作用理論的一個基本問題（他們因此共同獲得了一九九九年諾貝爾獎），並著手進行極難的量子引力計算，這個beta函數的計算對他來說就跟一道道練習題差不多，所以沒花時間將它寫下來。

當時我與希門奇克非常要好。一九七二年十一月，我去漢堡拜訪了他兩週，他帶我去電視塔頂的餐廳，在那裡可以吃到你想吃的所有蛋糕（一共有六種，我每種吃了一塊），我們去看了絕美的《魔笛》，他還請我去他家吃晚飯，吃的是油漬鯖魚配烤餅，以及有濃縮牛奶成分的保久乳。我們就共同關心的物理學問題討論了幾十個小時，離奇的是，他沒有告訴我特胡夫特的研究成果。一年後，維特曼向我解釋，希門奇克對他說「帕里西太瘋了」，意思是我心浮氣躁，最好什麼都不要告訴他。希門奇克擔心我用特胡夫特的結論寫文章介紹這個課題，好讓世人認可他的貢獻。這在我看來是理所當然的，但希門奇克更希望這個成果由特胡夫特本人向世界宣布，而不是第三者越俎代庖。

直到一九七三年二月，我才從希門奇克那裡聽到關於特胡夫特的計算成果。那時我剛剛在相變方面取得了重大進展，並沒有太關注這件事，但我剛到日內瓦的歐洲核子研究中心工作兩個月，既然特胡夫特也在同一個研究中心工作，我們就約好在某日上午見面，討論如何利用他的研究成果建立一個關於質子和其他粒子的理論，也就是漸近自由理論。

我們需要辨識作為理論基礎的可能成分，並驗證在哪個特定條件下，特胡夫特的計算會得出一個負的beta函數。這看起來很容易，一九六四年提出夸克的假設，一九七一年默里・蓋爾曼（Murray Gell-Mann）、巴丁和弗里奇提出了夸克理論，根據該理論，每個夸克以三種不同的顏色存在，它們之間的交互作用是透過交換有色膠子。從本質上而言，這是特胡夫特在楊－米爾斯理論的基礎上讓膠子與夸克有所關聯的產物。我很熟悉蓋爾曼的理論，他來過羅馬，並在一次公開研討會上展示該理論，他說這個理論解釋了弗拉斯卡蒂實驗室中ADONE加速器採集的數據，而我本人就在這個實驗室工作。蓋爾曼的論證基礎是假設夸克在高能下不交互作用，因此該理論是漸近自由的。我原以為結果正好相反，夸克即使在高能下也會繼續交互作用，還非常自負地認為蓋爾曼做出那個結論太過天真，因為他沒有考慮到夸克交互作用理論的所有複雜性。然後我就將這件事拋諸腦後了。

事後看來，我與特胡夫特的對話簡直是超現實的。

「嗨，傑拉德，你得出的結論太棒了。讓我們看看是否可以用它來建立一套描述質子和其他粒子的理論。」

「好主意，喬治！那我們該怎麼做呢？楊－米爾斯場必須有某種荷！我們選什麼荷呢？」

「也許可以用電荷和其他同類的荷。」

「可是不行啊，喬治。這樣很難得到實驗數據！」

「我們看看能否找出權宜之計來實現我的想法。」

「不，這不可能。」他向我詳細解釋了這個問題，我找不到任何地方下手。

「你是對的，傑拉德！你的理論不能用來描述質子和其他粒子。真可惜。我們過幾天再聊。」

我們完全沒有想到蓋爾曼提過的色荷。那時候，不管在什麼地方（哪怕是在黑板上）讓我看到蓋爾曼這個名字，或者在接下來那幾天，哪怕有人在餐桌上談起蓋爾曼模型，我都會恍然大悟，直接跑去找特胡夫特，向他高聲嚷嚷：「有辦法啦！」要不了幾天時間，我們就能驗算完畢，把論文交給學術期刊。真不敢相信我們會做這種傻事，責任全部都在我身上。特胡夫特是一位見解非常深刻的理論物理學家，能夠分析理論中極其精微的問題，而我則對實驗工作和文獻中的各種模型瞭若指掌：那個找到正確模型的人應該是我。就這樣，一九七三年的那個下午，我們與諾貝爾獎失之交臂。幸運的是，對我們二人而言，那不是唯一一次機會。

幾個月後，休．大衛．波利策（Hugh David Politzer），以及大衛．葛羅斯（David Gross）和法蘭克．維爾澤克（Frank Wilczek），他們同時復刻了特胡夫特的計算，而且正確驗證了楊－米爾斯場的荷。量子色動力學於焉誕生，三人共同發表的文章為他們贏得了二〇〇四年的諾貝爾獎。而我擁有的是一個很美好、值得跟大家分享的故事。

多年以後，我在一次會議上遇到一位朋友，他對這件事知之甚詳。我們在走廊裡談到了威爾森，他因相變理論而於一九八二年獲得諾貝爾物理學獎。我們特意回顧了威爾森的論點，一致認為非漸近自由理論更優雅，但由於宇宙的創造者不是一位裁縫師，優雅與否並非評判理論的標準。我補充說，那時候我完全同意威爾森的觀點，也是出於這個原因，我沒有付出太多心力去尋找一個令人滿意的漸近自由理論，我覺得應該把我與特胡夫特的一段談話內容講給他聽，他立刻就抓住了重點：

「可是，喬治，你就從沒想過像蓋爾曼提出的那樣用顏色嗎？」

「沒有。」

「怎麼可能呢！」

「我的確沒想起來。」

「也許你當時再多想半個小時就會迎刃而解了。」

後記 Nota

這本書我寫了很多年。原本是安娜・帕里西（Anna Parisi）對我做過的一些採訪，而這些採訪變成了本書某些章節的雛形，但我只選擇收錄和擴寫與我在二〇二一年十月獲得諾貝爾獎的理由相關的議題。

安娜並非我的親戚，但我很樂於參與她的幾個科普計畫，本書幾個章節的撰寫也獲得她的協助。書中有三章內容先前曾發表過，這次做了一些修改。〈物理學與生物學之間基於隱喻的交流〉和〈想法從何而來〉這兩章最初是在羅馬舉辦的猞猁之眼國家科學院的兩次研討會上所發表的報告，那兩次研討會的主題分別是「科學中的隱喻與符號」（二〇一三年五月八日至九日）和「創造力自然史」（二〇〇九年六月三日至四日），兩本論文集分別於二〇一四年和二〇一〇年由科學與文學出版社（Scienze e Lettere）出版。〈科學的意義〉一章曾以「科學何用之有」為題發表於《科學》雜誌五十週年紀念專刊（二〇一八年九月）。

本書各章內容來自多年對加布里艾雷・貝卡里亞（Gabriele Beccaria）、弗朗切斯科・瓦卡里諾（Francesco Vaccarino）、路易莎・博諾利斯（Luisa Bonolis）、努丘・歐丁內（Nuccio Ordine）等人的採訪，在此表示感謝。

以下是各章中提到的文章和材料的參考文獻。

與椋鳥齊飛

呈現我們研究項目最初成果的論文是M. Ballerini, N. Cabibbo, R. Candelier et al., Interaction ruling animal collective behavior depends on topological rather than metric distance: Evidence from a field study, *Proceedings of the National Academy of Sciences* 105, no. 4(2008), pp.1232-1237。

六十八頁這句引用自馬克斯・普朗克的話，出自一九一三年十月四日索末菲（A. Sommerfeld）致波耳的一封書信，見由霍耶（U. Hoyer）編輯的 *Collected Works, vol. II*, Elsevier Science Ltd, 1981。

五十多年前的羅馬物理學界

一九六四年一月蓋爾曼與茨威格各自提出夸克模型的論文是M. Gell-Mann, A schematic model of baryons and mesons, *Physics Letters* 8, no. 3(1964), pp.214-215和G. Zweig, An SU(3) model for strong interaction symmetry and its breaking, *CERN Report* No. 8182 / TH.401。顏色的引入見O. W. Greenberg, Spin and unitary-spin independence in a paraquark model of baryons and mesons, *Physical Review Letters* 13, no. 20 (1964), pp. 598-602。

關於雉雞和牛犢哲學的比喻，見M. Gell-Mann, The symmetry group of vector and axial vector currents, *Physics* 1, no. 1 (1964), pp.63-75。

相變，也就是集體現象

關於重整化群，我參考的肯尼斯・威爾森的文章有：K. G. Wilson, Renormalization group and critical phenomena. I. Renormalization group and the Kadanoff scaling picture, *Physical Review B* 4, no. 9 (1971), pp. 3174-3183; II. Phase-space cell analysis of critical behavior, *Physical Review B* 4, no. 9 (1971), pp. 3184-3205; Renormalization group and strong interactions, *Physical Review D* 3, no. 8 (1971), pp. 1818-1846;

Feynman-graph expansion for critical exponents, *Physical Review Letters* 28, no. 9 (1972), pp. 548-551; K. G. Wilson, M. E. Fisher, Critical exponents in 3.99 dimensions, *Physical Review Letters* 28, no. 4 (1972), pp. 240-243。

自旋玻璃：系統的無序性

最早關於自旋玻璃模型的論文有S. F. Edwards, P. W. Anderson, Theory of spin glasses, *Journal of Physics F: Metal Physics* 5, no. 5 (1975), pp. 965-974; D. Sherrington, S. Kirkpatrick, Solvable model of a spin-glass, *Physical Review Letters* 35, no. 26 (1975), pp. 1972-1996。

此外，還有我本人的一系列論文：G. Parisi, Toward a mean field theory for spin glasses, *Physics Letters A* 73, no. 3 (1979), pp. 203-205; Infinite number of order parameters for spin-glasses, *Physical Review Letters* 43, no. 23 (1979), pp. 1754-1756; M. Mézard, G. Parisi, N. Sourlas, G. Toulouse, M. Virasoro, Nature of the spin-glass phase, *Physical Review Letters* 52, no. 13 (1984), pp. 1156-1159。出版專著為M. Mézard, G. Parisi, M. Virasoro, *Spin Glass Theory and Beyond: An Introduction to the Replica Method and Its Applications*, Singapore: World Scientific Publishing Company, 1987。

進一步的應用，見：G. Parisi, F. Zamponi, Mean-field theory of hard sphere glasses and jamming, *Reviews of Modern Physics* 82, no. 1 (2010), pp. 789-845。

物理學與生物學之間的隱喻交流

A. D. Sokal, Transgressing the boundaries: Toward a transformative hermeneutics of quantum gravity, *Social Text* 46–47 (1996), pp. 217-252.

文章可參閱 www. jstor. org/stable/466856。

如果沒有我的老師、學生和同事們的貢獻，我就不會成為今天你們所看到的科學家（不言自明，科學研究也是一種集體現象，一個複雜系統）。對我在書中提到的那些人，以及我想一一唱名但唯恐有所遺漏的所有其他人，我的感激之情難以言表。

Jacques Hadamard 雅克・阿達馬
Jacques Lacan 拉岡
James Clerk Maxwell 馬克士威
Joël Scherk 喬爾・舍克
John Iliopoulos 約翰・伊琉普洛斯
John Schwarz 約翰・施瓦茨

K～L

Kenneth Wilson 肯尼斯・威爾森
Kurt Symanzik 庫爾特・希門奇克
Leo Kadanoff 李奧・卡達諾夫
Lev Landau 列夫・藍道
Luca Peliti 盧卡・佩利蒂
Luce D'Eramo 盧伽・德拉莫
Luciano Maiani 盧奇亞諾・馬亞尼
Ludwig Boltzmann 波茲曼
Luisa Bonolis 路易莎・博諾利斯

M

Marc Mézard 馬克・梅扎爾
Marcello Cini 馬切洛・奇尼
Marcello Conversi 馬切洛・孔維西
Marcello De Cecco 馬切洛・德・伽柯
Marco Ademollo 馬可・阿德莫洛
Marco D'Eramo 馬可・德拉莫
Massimo Testa 馬西莫・特斯塔
Max Born 馬克斯・玻恩
Max Planck 馬克斯・普朗克
microcreatività 微創造力
Miguel Virasoro 米格爾・維拉索羅
Murray Gell-Mann 默里・蓋爾曼
nazionali di Frascati nel 弗拉斯卡蒂國家實驗中心

N

Nicola Cabibbo 尼可拉・卡比博
Nicola Oresme 尼可拉・奧漢
Nicola Sourlas 尼可拉・蘇拉

譯名對照表

A～B Accademia dei Lincei 義大利猞猁之眼國家科學院
Adam Schwimmer 亞當・施維默
Adolphe Quetelet 阿道夫・凱特勒
Agostino 阿戈斯蒂諾
Alan D Sokal 艾倫・索卡
Andrea Cavagna 安德烈・卡瓦尼亞
Aurelio Grillo 奧雷利歐・葛里洛
Bardeen 巴丁
Benjamin Franklin 班傑明・富蘭克林
Bertrand Russell 伯特蘭・羅素
Bruno Pontecorvo 布魯諾・彭特柯沃

C～D Carlo Di Castro 卡洛・迪・卡斯特羅
CERN (Conseil européen pour la recherche nucléaire, l'Organizzazione europea per la ricerca nucleare) 歐洲核子研究中心
Chiesa Cirillo di Alessandria 天主教會教父亞歷山大城的濟利祿
Claudio Carere 克勞迪奧・卡雷雷
Claudio Procesi 克勞迪奧・普羅切西
Daniella Ambrosino 丹妮耶拉・安布羅西諾
Dantean 但丁
David Gross 大衛・葛羅斯
David Sherrington 大衛・謝靈頓

E Edoardo Amaldi 愛德瓦多・阿瑪迪
Emilio Segrè 艾米里歐・瑟葛雷
Enrico Alleva 恩里科・阿雷瓦
Enrico Fermi 恩里科・費米

beNature 08

無序之美：與椋鳥齊飛

【諾貝爾物理學獎Parisi解開複雜系統的八堂思辨課】

IN UN VOLO DI STORNI.
LE MERAVIGLIE DEI SISTEMI COMPLESSI

作　　者　喬治・帕里西 Giorgio Parisi
譯　　者　文　錚
譯文指導　倪安宇、仲崇厚

野人文化股份有限公司 第二編輯部
主　　編　王　梵
封面設計　盧卡斯
內頁排版　黃暐鵬
校　　對　林昌榮

出　　版　野人文化股份有限公司
發　　行　遠足文化事業股份有限公司（讀書共和國出版集團）
231新北市新店區民權路108-2號9樓
電話：(02)2218-1417　傳真：(02)8667-1065
電子信箱：service@bookrep.com.tw
網址：www.bookrep.com.tw
郵撥帳號：19504465遠足文化事業股份有限公司
客服專線：0800-221-029
法律顧問　華洋法律事務所　蘇文生律師
印　　刷　成陽印刷股份有限公司
初版一刷　2024年5月

定　　價　420元
I S B N　978-626-7428-59-7
E I S B N　978-6267428566（PDF）
E I S B N　978-6267428573（EPUB）

歡迎團體訂購，另有優惠，請洽業務部(02)2218-1417分機1124

無序之美：與椋鳥齊飛（諾貝爾物理學獎Parisi解開複雜系統的八堂思辨課）／
喬治・帕里西（Giorgio Parisi）著；文錚譯.
－初版.－新北市：野人文化股份有限公司出版：
遠足文化事業股份有限公司發行，2024.05
面；　公分.－（beNature；8）
譯自：In un volo di storni :
le meraviglie dei sistemi complessi
ISBN　978-626-7428-59-7（平裝）
1.CST: 生物物理學
361.7　　　　113004876

IN UN VOLO DI STORNI.
LE MERAVIGLIE DEI SISTEMI COMPLESSI
By Giorgio Parisi